新装版 数学入門シリーズ
日常のなかの統計学

日常のなかの統計学

Statistics

鷲尾泰俊
Washio, Yasutoshi

岩波書店

本書は,「数学入門シリーズ」『日常のなかの統計学』(初版 1983 年)を A5 判に拡大したものです.

はしがき

　この本は，一般社会人のための統計学あるいは統計的手法の入門書である．

　統計学は，現在，工学，物理学，生物学，医学などの分野はもちろんのこと，経済学，経営学，心理学，政治学など社会科学の領域においても応用されており，これら学問研究の有力かつ必要な手段として広く認められている．特に，今日，日本製品の高品質の源泉として，世界各国の注目の的となっているわが国の品質管理活動においては，統計的手法が縦横に駆使されており，品質管理とは密接な関係にある．

　本書は，一般社会人を対象とした統計学の入門書であるという性格から，われわれ日常生活のなかでの話題をもとに，データの取り方・まとめ方，統計的推理の考え方および統計的手法の応用の仕方を解説するという方針をとった．われわれの身辺には統計学に関連する話題は数多くある．しかし，それはそのままでは統計学の問題となり得ないので，これを統計学の問題へと定式化する必要がある．定式化に際しては，対象の本質を十分に把握した上で，その問題に最も適した統計的問題への定式化を行なわなければならない．これを誤ると統計学による正しい結論は得られない．この理由により，問題の定式化についてはくどいと思われるぐらいの解説をしたつもりである．

　このような意図のもとに執筆にかかったわけであるが，もっとも苦労をしたのは例題における題材の選択であった．入門書という本書の性格から，興味ある話題であっても，複雑なものや，さまざまな解釈のできるものは意識的にとりあげないことにした．

第1章は，統計学の基本的な考え方を説明したものである．第2章，第3章はデータから情報をひき出すのに，データをどう整理し，どう処理するかを解説した．第4章は，統計的手法の基礎となる確率変数，確率分布の概念を説明したもので，以後の章の準備である．第5章，第6章は，統計的推測の方法——統計的手法——を解説した章であり，本書の最も重要な部分である．第7章は以後の章の準備で，第8章から第10章までは統計的推測の応用を取り扱った．

勉強の仕方としては，数式のフォローにあまり神経を使わないで，考え方の説明を忠実にフォローしてもらえばよい．そうすれば，統計的推理の考え方は十分に理解してもらえると思う．特に，第1章，第5章，第6章の3つの章は繰返し繰返し読んでいただきたい．

統計的手法は応用されるべきものである．読者が，この本の例題をもとに，その手法が自分の身の回りの話題・現象に応用可能かどうか，もし可能とすればどのように定式化していけばよいか，といったことを考えながら本書を読まれることを希望する．定式化，応用の仕方のスキルは実践を通してのみ向上させることができるものである．この小さな本が，統計学に対する理解と興味を深める一助ともなれば幸いである．

この本の出版にあたっては，岩波書店編集部の荒井秀男氏に大変お世話になった．ここに記して感謝の意を表したい．

 1983年7月

著　者

目　　次

はしがき

第1章　母集団と標本 …………………………………… 1
　§1　母集団と標本 …………………………………… 1
　§2　母集団の何を推測するか ……………………… 5
　§3　無作為抽出の仕方 ……………………………… 8
　　　　練習問題1 …………………………………… 11

第2章　データのまとめ方(1)——統計量と度数分布 …… 12
　§1　データの特性量 ………………………………… 12
　§2　度数分布表とヒストグラム …………………… 18
　§3　平均，標準偏差の実用的な意味づけ ………… 24
　§4　層　　別 ………………………………………… 25
　　　　練習問題2 …………………………………… 33

第3章　データのまとめ方(2)——相関と回帰 ………… 34
　§1　散布図 …………………………………………… 34
　§2　相関係数 ………………………………………… 36
　§3　直線回帰 ………………………………………… 45
　§4　重回帰 …………………………………………… 57
　　　　練習問題3 …………………………………… 63

第4章　確率変数と分布 ………………………………… 65
　§1　確率変数と確率分布 …………………………… 65

§2 離散分布の表わし方と特性量 …………………… 68
§3 ベルヌーイ試行 …………………………………… 73
§4 幾何分布 …………………………………………… 74
§5 2項分布 …………………………………………… 77
§6 ポアソン分布 ……………………………………… 81
§7 連続分布の表わし方と特性量 …………………… 87
§8 正規分布 …………………………………………… 90
§9 2項分布の正規分布による近似 ………………… 103
§10 指数分布 ………………………………………… 106
§11 現象と確率分布 ………………………………… 110
　　練習問題4 ………………………………………… 117

第5章 統計的推測 …………………………………… 119
§1 統計的推測とは …………………………………… 119
§2 統計的推測の定式化 ……………………………… 122
§3 統計的推測の方法 ………………………………… 123
§4 推測と統計量の分布 ……………………………… 129

第6章 検定・推定の考え方 ………………………… 131
§1 準備——統計量の分布 …………………………… 131
§2 仮説検定の考え方 ………………………………… 136
§3 検定における棄却域の選び方 …………………… 142
§4 点推定の考え方 …………………………………… 148
§5 区間推定の考え方 ………………………………… 153
　　練習問題6 ………………………………………… 156

第7章 カイ2乗分布, t 分布, F 分布 …………… 157

目　次　　　　　　　　　ix

　§1　カイ2乗分布 …………………………………… 157
　§2　t 分布 ……………………………………………… 160
　§3　F 分布 ……………………………………………… 162
　　　練習問題7 ……………………………………… 165

第8章　正規母集団の推測 ……………………………… 166
　§1　準備――統計量の分布 ……………………… 166
　§2　分散の推測 …………………………………… 171
　§3　平均の推測 …………………………………… 179
　§4　2つの正規母集団の分散の比の推測 ……… 192
　§5　分散が等しい2つの正規母集団の平均の
　　　差の推測 ……………………………………… 197
　　　練習問題8 ……………………………………… 203

第9章　母集団比率の推測 ……………………………… 205
　§1　準備――統計量の分布 ……………………… 205
　§2　母集団比率の推測 …………………………… 207
　§3　2つの母集団比率の推測 …………………… 217
　　　練習問題9 ……………………………………… 224

第10章　適合度と分割表の検定 ……………………… 226
　§1　適合度検定 …………………………………… 226
　§2　分割表の検定 ………………………………… 231
　　　練習問題10 …………………………………… 243

付　録
　　統計資料 ………………………………………… 244

目　次

　付　表 …………………………………………………… 248
　参考文献 ………………………………………………… 264
解　答 ……………………………………………………… 265
索　引 ……………………………………………………… 273

第1章
母集団と標本

　統計学は，データを処理・解析し，そこから情報をひき出すための学問であるが，近代統計学では，データは或る目的のために取り，そのデータを処理・解析し，或る対象について何らかの推理をする，という3つの枠組みを明確にしている．
　まず，この枠組みを解説することから始める．

§1　母集団と標本

　われわれは日常，いろいろなデータを取り眺めている．ところで，そのデータはたくさんの'データ'または'もの'の集団から取り出されており，われわれがデータを取る目的は，その集団について推理をしたいためである，という場合が非常に多い．いくつかの例をあげてみよう．

　例題1　M内閣の支持率を知るために取られた調査データ．新聞社では定期的に内閣の支持率調査をしている．この場合，日本の全有権者約8300万人について支持状態を聞くわけにはいかないので，全国の有権者の中から，無作為(ランダム)に，例えば3000人の有権者を選び，面接調査をしてM内閣を支持するかどうかのデータを集めている．この3000個のデータは，日本の全有権者の中でM内閣を支持する人の割合がいくらであるかを知るためのものである．

　例題2　受入検査のためのデータ．部品のロット[注1]が入荷した．

この部品は外径寸法が重要な品質特性である．さて，このロットを受け入れてよいかどうかを決めなければいけない．ところが，ロットにはたくさんの部品があるので，これを1つ1つ調べるわけにはいかない．したがって，例えば15個の部品をランダムに抜き取り，この15個の部品の外径寸法を測定してデータを取るのが普通である．こうして得られた15個のデータは，このデータが取り出された部品のロットの外径寸法がどうなっているかを知るためのものである．

　注1　材料，部品または製品などの単位体または単位量を，或る目的をもって集めたものを**ロット**とよぶ．

　例題3　工程管理のためのデータ．ビール工場においては，生産工程から2時間おきに1瓶を抜き取り，ガス圧のチェックをしている．この工場が1日8時間稼動とすれば，1日に4個のガス圧のデータを取ることになる．この4個のデータは，今日生産された**数多くのビールの集団**から取り出されており，このデータを取る目的は，今日生産された製品に異常がないかどうかを知るためである．もっと一般的には，今日の製造工程でたくさんの製品を生産するとき，その製品に異常がないかどうかを知るためである，または，今日の製造工程が正常であるかどうかを知るためである，ということができる．

　例題4　品物の重さを知るためのデータ．或る品物の重さを知るために，この品物の重さを5回測定して5個のデータを得ているとする．

　測定には必ず測定誤差があるので，われわれは真の重さを知ることはできない．では'真の重さ'というものをどのように考えたらよいであろうか．この品物を多数回測定すると，その測定データの集団のヒストグラム(第2章を参照)は図1のようになるであろう．こ

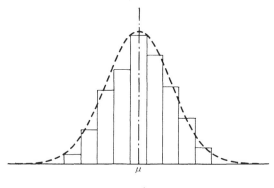

図1

のヒストグラムにおける中心の値 μ をこの品物の真の重さと考える。その理由は，測定データは真の値のまわりにばらつくと考えられるからである．

このように考えると，いま得ている5個のデータは，多数個の測定データの集団から取り出されたものであって，われわれは，この5個のデータをもとに，多数個の測定データの集団についての推理をすることになる．

上の例に見られる共通な性質は，推測をしたい'もの'（または'データ'）の集団があり，この集団についての推測をするために，集団から何個かの'もの'（または'データ'）をランダムに取り出してデータを得ている，ということである．統計学では，この関係を強調するために，推測したい'もの'の集団を**母集団**とよび，母集団を推測するために母集団から取り出されるいくつかの'もの'を**標本**または**サンプル**とよぶ．標本の中に含まれている'もの'の数を**大きさ**とよぶ．母集団に対しても大きさという言葉を使うことがある．

母集団を設定した場合，母集団を構成する'もの'の数は多く，これを1つ1つ全部調べあげることは不可能である．そこで，その一

部分を取り出して眺め——標本を取り出すことに対応する——，全体を推測しようという考え方である．

統計学(または数理統計学)は，標本から母集団についての推測をする方法を与える学問であり，標本から母集団についての推測を**統計的推測**という[注2]．この場合，標本は母集団からランダムに取り出されなければならない．このことを強調して，標本のことを**無作為標本**または**ランダム・サンプル**とよぶことがある．標本から母集団への推測の**客観性**は，標本が母集団からランダムに選ばれるというところにおいている(図2参照)．

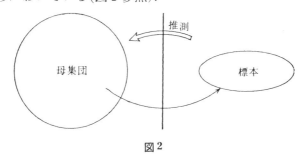

図2

標本は，母集団の一部分であることにはまちがいないが，いろいろな標本の現われ方がある——標本誤差とよばれる——ので，母集団の完全なる縮図というわけにはいかない．したがって標本から母集団への推測に際しては，この標本誤差を考慮しなければいけないという難しさがある．

母集団を構成する'もの'の数——母集団の大きさ——が有限であるか無限であるかによって，有限母集団，無限母集団とよぶ．厳密には有限母集団であっても，母集団の大きさが標本の大きさとくらべて大きい場合には，無限母集団とみなして取り扱うことが多い．実用的には，母集団の大きさが標本の大きさの10倍以上であれば無限母集団と考えてよい．本書では，母集団は無限母集団であるも

のとして話を進める．

　前に示した例題においては，母集団と標本の関係は次のようになる．

　例題1の場合：日本の全有権者が母集団であり，調査のために選ばれた3000人の有権者が標本である．この場合の母集団は無限母集団とみなしてよい．

　例題2の場合：入荷した部品のロットが母集団であり，このロットから抜き取られた15個の部品が標本である．この場合の母集団は，厳密には有限母集団であるが，ロットがたくさんの部品から成り立っているときには無限母集団と考えてよい．

　例題3の場合：今日生産されたビールの全体，もっと一般には，今日の製造工程で生産されるであろうビールの全体が母集団であり，これから抜き取られた4本のビールが標本である．この場合の母集団は無限母集団とみなしてよいが，母集団の解釈として後者の立場をとれば，明らかに無限母集団であり，仮想的な母集団である．

　例題4の場合：この品物を非常に多数回測定して得られるであろう測定データの全体が母集団であり，実際に測定して得られた5個の測定データが標本である．この場合の母集団は無限母集団であり，仮想的な母集団である．

　注2　もっと一般的には，統計学は，標本データを整理してこれから情報をひき出し，さらには，これから何らかの推測または意志決定をするための学問である，ということもできる．

§2　母集団の何を推測するか

　統計的推測は標本から母集団についての推測であるが，標本にもとづいて，母集団の何についての推測をするのか．われわれは母集団の一部分しか見ていないのであるから，母集団について何もかも

すべてわかるわけではない．

母集団を設定した場合，母集団の'もの'のデータは或る分布にしたがっているであろう．これを**母集団分布**という(注3)．統計的推測は，標本にもとづいて，この母集団分布についての推測をするのである．一部分しか見ていないのであるから，母集団に含まれる'もの'1つ1つについての推測は不可能であるが，母集団全体の形——母集団分布——の推測は可能なのである．

実際の問題においても，母集団に含まれる'もの'1つ1つの値を知らなくても，母集団分布を知れば十分であることを，前節でとりあげた4つの例題の場合で説明しよう．

例題1の場合：われわれの知りたいのは母集団における M 内閣の支持率であって，個々の有権者が M 内閣を支持するかどうかということではない．各有権者に対し，M 内閣を支持する人には数字1，そうでない人には数字0を対応させると，母集団は数字0と1との集まりとなる．このうちの数字1の割合 p が M 内閣の支持率であり，母集団分布は図3のようになる．われわれはこの分布の母数(注4) p の値が知りたいのである．

例題2の場合：母集団（部品のロット）の部品の外径寸法は1個1個異なっているであろう．このような場合には，個々の部品の外径寸法を知らなくても，外径寸法の全体としての分布がわかればよい．

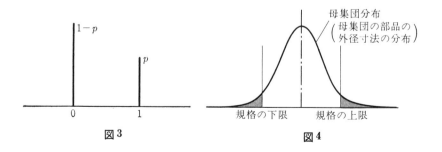

図3　　　　　　　図4

§2 母集団の何を推測するか

その分布は大体図 4 のようになるであろう. これが母集団分布である.

もし外径寸法の規格が 45.5 mm 以上 47.5 mm 以下となっておれば, この母集団分布と規格とをくらべることにより, このロットの不良率が推定でき, このロットを受け入れてよいかどうかの判断ができるであろう.

例題 3 の場合: 今日生産されたビールのガス圧は, 完全に同じではなく, 瓶ごとにいくらか変動をしている. その理由は, どんなに製造条件を管理したとしても, 完全に同じものを生産することは不可能であるからである. このような場合, 製品全体としてのガス圧の分布——母集団分布——がわかればよい. そしてこの分布が或る範囲内にあればよい. したがって, われわれはこの分布が知りたいのである(図 5 参照).

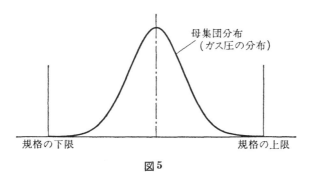

図 5

例題 4 の場合: 母集団は, この品物を非常に多数回測定して得られる測定データであるが, 個々の測定データには興味はない. このたくさんの測定データの分布が母集団分布であり, われわれはこの分布の中心の値 μ が知りたいのである(図 1 参照).

注 3 分布については第 4 章で説明する. ここでは, 分布はヒストグラムのようなものであると, 分布を直観的に理解しておけばよい.

注4 分布の形を定める定数を分布の<u>母数</u>という(第4章§4参照).いまの場合,母集団分布の形は p によって定まるから,p が母集団分布の母数である.

§3 無作為抽出の仕方

すでに説明したように,統計的推測においては,標本は母集団からランダムに取り出されなければいけない.標本を母集団からランダムに取り出すということは,母集団のどの個体も標本に選ばれる可能性が同じである,ということである.このことを確率論的にいうと,標本の大きさを n とするならば,母集団のどの n 個の組合せも標本に選ばれる確率が同じである,ということになる.このような抽出法は**無作為抽出**または**ランダム・サンプリング**とよばれる.

ランダム・サンプリングのためには,普通,乱数を配列した**乱数表**が用いられる.乱数表は,$0, 1, 2, \cdots, 9$ の10個の数字がおのおの等確率で出てくるように数字が並べられている表である(付録の付表1).この表は,$0, 1, \cdots, 9$ の数字が等確率,つまり一様に出てくることから,一様乱数表とよばれることもある.乱数表の使い方を例で示そう.

例 263個の品物からなる母集団から,大きさ5の標本を取り出すことを考える.母集団の263個の品物には1から263までの通し番号がついているものとする[注5].まず,乱数表の頁を指定し,出発点をランダムに決める.これの簡便法としては,上から鉛筆を落とし,落ちた点を出発点とすればよいであろう.この結果,出発点は乱数表(付表1)の10行3列であったとする.出発点から行を右に3つの数字を組として逐次選ぶ.行が終れば次の行に移る.こうして001から263までの相異なる数が5個出るまで続ける.いまの場合

§3 無作為抽出の仕方

228, 0̸5̸0̸, 329, 9̸6̸0̸, 530, 011, 8̸6̸3̸, 159, 124

となるので，通し番号 228, 50, 11, 159, 124 の品物が標本として取り出されることになる．

上の方法では棄てられる乱数の組が多くなる．これを防ぐには，乱数の組 264～526, 527～789 も使うことにし，264 と 527 は通し番号 1，265 と 528 は通し番号 2，…，526 と 789 は通し番号 263 に対応させてやればよい．この方法をとると，前に選んだ乱数の組において

329 ⟶ 263 を引いて 66 番

960 ⟶ 使わない

530 ⟶ 263 の倍数 526 を引いて 4 番

となり，最初の 228 から 011 までの 6 組でもって大きさ 5 の標本が得られる．

注 5 母集団を構成する個体に通し番号を実際につけておくことは必ずしも必要ではない．通し番号が対応づけられておればよい．

例えば，5 クラスからなる 1 年生の中からランダムに 5 人を選びたいとしよう．1 組は 56 名，2 組は 53 名，3 組は 52 名，4 組は 50 名，5 組は 52 名で合計 263 名の生徒数である．各組には出席簿があり，生徒に通し番号がついているとする．そうすると，ただ単に組の順序を，例えば 1 組，2 組，…，5 組というように決めておくことにより，1 年生の生徒全体に 1 番から 263 番までの通し番号がついたことになる．例えば，通し番号 228 番の生徒は，

$$228 - (56+53+52+50) = 228 - 211 = 17$$

であるから，5 組の 17 番の生徒であり，通し番号 50 番の生徒は 1 組の 50 番の生徒であり，通し番号 159 番の生徒は，

$$159 - (56+53) = 50$$

であるから，3 組の 50 番の生徒である．

実際には，母集団から全くランダムに標本を抽出するということ

が非常に難しいという場合がある．また，母集団への推測に際し，標本を母集団から**全く**ランダムに取らないほうがよいという場合もある．したがって無作為抽出の変形ともいうべきいくつかの抽出法が用意されている．このような変形した無作為抽出法に対して，これまで述べてきた無作為抽出法を**単純無作為抽出法**とよぶことがある．

　母集団を，階層内では均一とみられるいくつかの**階層**に分け，各階層から標本を取り出す方法を**層別抽出法**とよぶ．もし各階層からの標本が単純無作為抽出で抽出されるならば**層別無作為抽出法**とよばれる．この場合，各階層から取り出す標本の大きさの決め方としてはいくつかあるが，標本の大きさを階層の大きさに比例させる**比例抽出法**が最もよく用いられる．

　地域的に広い範囲に散在している人口の母集団から全くランダムに標本を取るのには困難がつきまとう．例えば，日本の全有権者（約8300万人）の集団を母集団とし，これから3000人の標本を取ることを考えてみよう．母集団から全くランダムに標本を取れば3000人の有権者は日本全国に散らばり，これの調査費用は膨大なものになるであろうし，全有権者からランダムに3000人を選ぶことも大変な苦労である．このことからこの種の問題では，日本全国を多くの小地域に分割し，まずこれら小地域のいくつかをランダムに選び，次に選ばれた各小地域からランダムに何人かの有権者を選び出す，という方法がとられることが多い．このような抽出法は，抽出が2段階にわたってなされることから，**2段抽出法**とよばれている．同じような考え方で多段抽出法がある．日本の各新聞社が行なっている世論調査では2段抽出法が使われているが，小地域の構成の仕方については各社独自の工夫がなされているようである．

　層別抽出法，2段抽出法，多段抽出法のいずれにおいても，抽出

の段階では必ず単純無作為抽出法が用いられることを注意しておく．

本書では，標本抽出はすべて単純無作為抽出法でなされているものとして理論を展開している．

例題 5 朝日新聞社では，1982 年 12 月 2 日，3 日の 2 日間にわたって，約 1 週間前に成立した中曾根内閣の支持率調査を行なっている．それには，全国約 8300 万人の有権者から 3000 人の回答者を選んで面接調査をしている．3000 人の回答者の抽出には層別抽出法と 2 段抽出法とを組み合わした層別無作為 2 段抽出法が用いられている．

この調査方法を説明した 1982 年 12 月 5 日付朝刊の記事を次に再録する（記事中の'層化'は本書での'層別'と同義である）．

> **調査方法** 全国約 8235 万人の有権者から 3000 人の回答者を選び，12 月 2, 3 の両日，学生調査員が個別に面接調査をした．回答者の選び方は層化無作為 2 段抽出法で，全国の投票区をまず都道府県，都市規模，産業率によって，333 層に分け，各層から 1 投票区を無作為に抽出して，調査地点とした．さらにその投票区の選挙人名簿から，平均 9 人の回答者を選んだ．有効回答者数は 2551 人，有効回答率は 85%，回答者の内訳は，男性 44%，女性 56%．

練習問題 1

1. A 市の電話加入者の中から，50 名の加入者をランダムに選び出したい．電話帳をもとに，乱数表を用いて加入者をどのように選べばよいか．

2. A 市の土地調査のため，市内から 25 地点をランダムに選びたい．A 市の航空写真をもとに，乱数表を用いて地点をどのように選べばよいか．

第 2 章
データのまとめ方 (1)
統計量と度数分布

　統計的推測をするためには，まず標本データを整理することから始めなければならない．この章では，データの整理の仕方，データから情報をひき出す方法について解説する．この章および次の章の内容は記述統計学とよばれているものになる．

§1　データの特性量

　データは，それだけでは数字の羅列である．これから情報をひき出すためには，これに何らかの加工をする必要がある．われわれが，普通，データから平均値や標準偏差を計算したりするのはこれに相当する．ここで，平均値や標準偏差はデータの特徴を表わす数値または量と考えられる．そこで，まずデータの特徴を表わす量——統計量とよばれる——として，現在，統計学で用いられているものを列挙することから始めよう．

　これらの量は，われわれが定義したものであり，その定義の仕方からしてその量がどんな意味をもつか，ということをよく理解しておくことが大切である．

　データとして
$$x_1, \ x_2, \ \cdots, \ x_n$$
の n 個が得られているとする．

　(1) 中心的位置を表わす統計量

(i) 算術平均($\bar{x}$)

全データの合計を全データの個数で割ったものを**算術平均**，またはただ単に**平均**とよび，記号 $\bar{x}$ で表わす．つまり

$$\bar{x} = \frac{1}{n}(x_1+x_2+\cdots+x_n) = \frac{1}{n}\sum_i^n x_i \tag{1}$$

である．

(ii) 中央値($\tilde{x}$)

データを大きさの順に並べたとき，その中央に位する値を**中央値(メジアン)**といい，記号 $\tilde{x}$ で表わす．データの数 n が偶数の場合には，中央の値は一意に定まらないので，中央2つの値の算術平均で定義する．

(2) ばらつき具合を表わす統計量

(i) 平方和(S)

個々のデータ x_i の算術平均 $\bar{x}$ からの偏り(偏差)$(x_i-\bar{x})$ はデータのちらばり具合を表わすが，これは正，負の値をとるから，これらを単純に合計してしまえば0になる．つまり

$$\sum_i^n (x_i-\bar{x}) = 0$$

である．したがってばらつき具合を表わす尺度として，偏差を2乗し，その和をとることにする．これを**偏差平方和**または単に**平方和**とよび，記号 S で表わす．したがって

$$S = \sum_i^n (x_i-\bar{x})^2 \tag{2}$$

である．平方和 S の計算には，(2)式を変形した式

$$S = \sum_i^n x_i^2 - \frac{\left(\sum_i^n x_i\right)^2}{n} \tag{3}$$

が用いられることが多い．

(ii) 分散(s^2)

平方和 S は偏差の 2 乗和になっているから，これをそのまま，ばらつきの尺度とするのは適当でない．それは，ばらつきが小さくても，データの個数 n が大きくなると平方和 S もそれにつれて大きくなるからである．したがってばらつき具合を表わす尺度としては，S をデータの個数 n に関係する何らかの数で割る必要がある．常識的には n で割ることが考えられるが，本書では，n で割らず $(n-1)$ で割ったものを**分散**と定義し，記号 s^2 で表わす．したがって

$$s^2 = \frac{S}{n-1} = \frac{1}{n-1}\sum_{i}^{n}(x_i - \bar{x})^2$$

である．

平方和 S を n で割ったものも時たま用いられるが，現在では，殆どの本が $(n-1)$ で割ったものを分散と呼んでいる（この理由については第 8 章 174 ページを参照）．

(iii) 標準偏差(s)

分散は単位（ディメンジョン）が 2 乗になっているので，これの正の平方根を**標準偏差**とよび，記号 s で表わす．したがって

$$s = \sqrt{s^2} = \sqrt{\frac{1}{n-1}\sum_{i}^{n}(x_i - \bar{x})^2}$$

である．

(iv) 平均偏差(MD)

平方和では，個々のデータ x_i の算術平均 $\bar{x}$ からの偏差の 2 乗の和をとったが，偏差の 2 乗をする代わりに，偏差の絶対値をとることも考えられる．この考え方によるばらつきを表わす統計量が**平均偏差**である．平均偏差を MD と書くと

§1 データの特性量

$$MD = \frac{1}{n}\sum_i^n |x_i - \bar{x}|$$

として定義される．ここで | | は絶対値を表わす記号である．

平均偏差は，標準偏差より計算は簡単であるが，現在ではあまり用いられていない．

(v) 範囲(R)

最大のデータから最小のデータを引いたものを**範囲**とよび，記号 R で表わす．つまり

$$R = 最大値 - 最小値$$

である．範囲は最大値と最小値のデータを使い，他のデータの情報は殆ど使っていない．したがって範囲は，データの数が多いときには効率が悪いので使われなく，データの数が10以下ぐらいのときに限り使われる．

(vi) 変動係数(CV)

データのばらつき具合を平均値との相対としてみる必要がある場合がある．このときには，標準偏差 s を平均 $\bar{x}$ で割った量を使う．これを**変動係数**とよび，記号 CV で表わす．つまり

$$CV = \frac{s}{\bar{x}}$$

である．もし分母の $\bar{x}$ が負である場合には絶対値をとる．CV は誤差論の分野での相対誤差と同じ考え方による統計量である．

一般に標本データから計算される量，つまり $\bar{x}, \tilde{x}, S, \cdots$ などを**統計量**とよび，実際の1組のデータから計算された統計量の値は**統計値**とよばれる．この両者を厳密に区別する場合もあるが，一般には曖昧に使われることが多い．

以上，データの特性を表わす量をたくさんとりあげたが，実際に

は，中心的位置を表わす統計量としては算術平均，ばらつき具合を表わす統計量としては標準偏差がほぼ独占的に用いられる(この理由については§3を参照).

注1 平均としては殆ど算術平均が用いられるが，ほかに幾何平均，調和平均がある．k 個の正数 $a_1, a_2, \cdots, a_k$ に対して，**幾何平均**(G)は

$$G = \sqrt[k]{a_1 a_2 \cdots a_k}$$

として，**調和平均**(H)は

$$H = \frac{1}{\frac{1}{k}\left(\frac{1}{a_1}+\frac{1}{a_2}+\cdots+\frac{1}{a_k}\right)}$$

または

$$\frac{1}{H} = \frac{1}{k}\left(\frac{1}{a_1}+\frac{1}{a_2}+\cdots+\frac{1}{a_k}\right)$$

として，それぞれ定義される.

幾何平均は比率の平均をみる場合に適している．調和平均は，逆数の平均値になっているので，逆数で計算された量の平均をみる場合に適している．例えば，時速が一定距離ごとに変わる場合の平均時速を求めるには調和平均を使うのが適当である.

算術平均を A とするとき，不等式

$$A \geqq G \geqq H$$

が成り立つ．ここで等号は，いずれも $a_1=a_2=\cdots=a_k$ のときに限り成立する．

(3) 統計量の値の計算についての注意

現在は電卓が進歩しており，殆どの電卓では，データをインプットしてやれば，ワンタッチで平均$(\bar{x})$, 標準偏差(s)の値が求まるようになっている.

しかし，データの桁数が大きい場合や，電卓を使わないで手計算でやる場合には，データを簡単な数値に変換し，これについての平均，標準偏差を求め，最後に，これをもとのデータの $\bar{x}, s$ に直す

ほうがよい．変換としては，データ x_i から適当な定数 a を引き，適当な定数 b を掛けるという変換(1次変換である)

$$u_i = (x_i - a) \times b \tag{4}$$

が普通用いられる．u_i についての平均，平方和，標準偏差をそれぞれ $\bar{u}, S_u, s_u$ とおくと，もとのデータの平均 $\bar{x}$，平方和 S，標準偏差 s は

$$\bar{x} = a + \frac{1}{b}\bar{u} \tag{5}$$

$$S = \frac{1}{b^2} S_u \tag{6}$$

$$s = \frac{1}{b}\sqrt{\frac{1}{n-1}S_u} \quad (b>0) \tag{7}$$

として求められる．

注2 (5), (6), (7)式の証明:

(4)式より $x_i = a + \frac{1}{b}u_i$, よって

$$\bar{x} = \frac{1}{n}\sum_i^n x_i = \frac{1}{n}\sum_i^n \left(a + \frac{1}{b}u_i\right) = a + \frac{1}{b}\frac{1}{n}\sum_i^n u_i = a + \frac{1}{b}\bar{u}.$$

また，$x_i - \bar{x} = \frac{1}{b}(u_i - \bar{u})$ であるから

$$S = \sum_i^n (x_i - \bar{x})^2 = \frac{1}{b^2}\sum_i^n (u_i - \bar{u})^2 = \frac{1}{b^2}S_u$$

(7)式は s の定義より明らか．ただし s は正であるので，$b<0$ の場合は $s = \frac{1}{|b|}\sqrt{\frac{1}{n-1}S_u}$ となる．

例題1 データ

  4261.3 4259.8 4260.1 4261.9 4268.1

に対して，平均 $\bar{x}$，標準偏差 s を計算せよ．

解説 データの桁数が大きいので変換

$$u_i = (x_i - 4260.0) \times 10$$

を行なう．u_i の平均 $\bar{u}$，平方和 S_u は

$$\bar{u} = \frac{1}{n}\sum_i u_i = \frac{112}{5} = 22.4$$

$$S_u = \sum_i u_i{}^2 - \frac{\left(\sum_i u_i\right)^2}{n} = 7096 - \frac{(112)^2}{5} = 4587.2$$

($\because$ (3)式による)

となる(表1参照)．

表1

x_i	u_i	$u_i{}^2$
4261.3	13	169
4259.8	-2	4
4260.1	1	1
4261.9	19	361
4268.1	81	6561
計	112	7096

したがって(5)式と(7)式より

$$\bar{x} = 4260.0 + \frac{22.4}{10} = 4262.24$$

$$s = \frac{1}{10}\sqrt{\frac{4587.2}{4}} = 3.39$$

を得る．

§2 度数分布表とヒストグラム

データの数が多い場合(50以上)には，データの特徴をつかむのには，データを度数分布表にまとめ，ヒストグラムとして眺めるのがよい．

度数分布表は，データを適当にグループ分けをし，各グループ(**階級**とよばれる)内のデータを同一視して各グループ内の度数を表

にしたものであり，大量のデータの特徴を大局的に見るのに有効である．

度数分布表の作り方を例でもって示そう．

例題 2 巻末の統計資料は，或る大学の 1 クラスに属する $n=130$ 人の学生の身長，体重，座高，胸囲のデータである．これから，身長のデータ 130 個に対して度数分布表を作ってみる．

解説

手順 1 データの最大値 ($x_{\max}$) と最小値 ($x_{\min}$) を求め，データの範囲 R を計算する．

$$x_{\max} = 185.5, \quad x_{\min} = 155.0$$
$$R = x_{\max} - x_{\min} = 30.5$$

手順 2 階級の幅 (h) を定める．

階級の数は 10 前後がよいが，データの数が多いときは 10 より多め，少ないときは 10 より少なめにする．階級の幅 h を定めるには，階級の数 10 を目安にして

$$\frac{R}{10} = \frac{30.5}{10} = 3.05$$

を求め，この値をもとに階級の幅を適当に定める(それは測定単位の整数倍でなければいけない)．

いまの場合，きりのよい数として $h=3.0$ とすることも考えられるが，階級の数を 10 より多目にしたいという配慮から

$$h=2.5$$

を採用する．

手順 3 階級と階級値を定める．

最小値から出発して最大値が含まれるまで階級を定めていく．階級の境界としては，データは測定単位の 1 桁下で四捨五入してあるとみて，表 2 のように定める．つまり，155.0 というデータは 154.95

から 155.05 の間にあるデータとみるのである．したがって最初の階級の下側境界値は

$$x_{\min} - \frac{測定単位}{2} = 155.0 - \frac{0.1}{2} = 154.95$$

となり，上側境界値は

$$下側境界値 + h = 154.95 + 2.5 = 157.45$$

となる．次の階級の下側境界値は最初の階級の上側境界値であり，上側境界値は下側境界値に階級の幅 h を加える．以下，この手順を繰り返すことにより各階級の境界値が定まる．

階級値はその階級の真ん中の値である．したがって最初の階級の階級値は

$$154.95 + \frac{h}{2} = 154.95 + \frac{2.5}{2} = 156.20$$

となる．以下同様である．

表2 度数分布表

階　級	階級値	チェック	度数
154.95〜157.45	156.20	/	1
157.45〜159.95	158.70	/	1
159.95〜162.45	161.20	𝍲 /	6
162.45〜164.95	163.70	𝍲 /	6
164.95〜167.45	166.20	𝍲 𝍲 𝍲 𝍲 /	21
167.45〜169.95	168.70	𝍲 𝍲 𝍲 𝍲 𝍲 ////	29
169.95〜172.45	171.20	𝍲 𝍲 𝍲 𝍲 /	21
172.45〜174.95	173.70	𝍲 𝍲 𝍲 ///	18
174.95〜177.45	176.20	𝍲 𝍲 𝍲 //	17
177.45〜179.95	178.70	////	4
179.95〜182.45	181.20	////	4
182.45〜184.95	183.70	/	1
184.95〜187.45	186.20	/	1
計			130

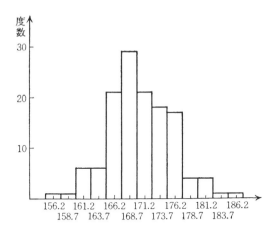

図1　ヒストグラム

手順4　各階級内にあるデータの個数(度数)を数える.

その結果は表2のようになる.これで度数分布表が完成した.

度数分布表をもっと見やすくするために,これを図1のように図示する.図1は**柱状図(ヒストグラム)**とよばれている.

このヒストグラムを眺めてみると,大学生の身長がどのように分布しているかを容易につかむことができるであろう.

度数分布表を利用しての平均,標準偏差の計算

データが度数分布表に整理されている場合には,このデータの平均や標準偏差の計算は,次の例題で示すような方法で計算するのが簡単である.この方法で求めたものは正確なものではなくて近似値であるが,誤差は無視できるほど小さいので,実用上はこれで十分である.

例題3　例題2で作成した度数分布表(表2)をもとに,130人の大学生の身長の平均($\bar{x}$)と標準偏差(s)とを計算してみよう.

解説

手順1　表3を作り,階級値(x_i)と度数(f_i)の欄を作る.

表3 度数分布表を利用しての $\bar{x}, s$ の計算

x_i	f_i	u_i	$u_i f_i$	$u_i^2 f_i$
156.2	1	-5	-5	25
158.7	1	-4	-4	16
161.2	6	-3	-18	54
163.7	6	-2	-12	24
166.2	21	-1	-21	21
168.7	29	0	0	0
171.2	21	1	21	21
173.7	18	2	36	72
176.2	17	3	51	153
178.7	4	4	16	64
181.2	4	5	20	100
183.7	1	6	6	36
186.2	1	7	7	49
計	130		97	635

<u>手順2</u> u_i の欄は，ほぼ真ん中で度数の多い階級値を0とし，階級値の大きくなる方向に向って 1, 2, 3, …，小さくなる方向に向って $-1, -2, -3, …$ とする．

<u>手順3</u> $u_i f_i, u_i^2 f_i$ の欄を作り(注3)，各欄の合計 $\sum_i u_i f_i, \sum_i u_i^2 f_i$ を求める．

<u>手順4</u> 次式により平均($\bar{x}$)を計算する．

$$\bar{x} = x_0 + \frac{\sum_i u_i f_i}{n} \times h \tag{1}$$

ただし x_0: $u_i=0$ のところの階級値

h: 階級の幅, $n = \sum_i f_i$

いまの例では $x_0=168.7, h=2.5$ であるから

$$\bar{x} = 168.7 + \frac{97}{130} \times 2.5 = 168.7 + 1.87 = 170.57$$

手順5　次式により標準偏差(s)を計算する.

$$s = h \times \sqrt{\frac{1}{n-1}\left[\sum_i u_i^2 f_i - \frac{\left(\sum_i u_i f_i\right)^2}{n}\right]} \qquad (2)$$

いまの例では

$$s = 2.5 \times \sqrt{\frac{1}{130-1}\left[635 - \frac{(97)^2}{130}\right]} = 2.5 \times 2.09 = 5.23$$

上に示した度数分布表を利用しての $\bar{x}, s$ の計算の原理を，3つのステップに分けて，簡単に説明しておく．

（i）まず，度数分布表にもとづいて，もとのデータは，$156.2(x_1)$ が1個(f_1) あり，$158.7(x_2)$ が1個(f_2) あり，$161.2(x_3)$ が6個(f_3) あり，…，$186.2(x_{13})$ が1個(f_{13}) ある，と考える．これは，本来のデータとは少し異なっているが，データは大量にあるのであるから，このように考えても大勢に影響はないという立場をとるのである．

（ii）§1の(3)で説明をしたように，データに変換を施す．その変換は

$$u_i = (x_i - x_0) \times \frac{1}{h}$$

であり，これが表3の u_i の欄の値である．したがって§1の(5)式と(7)式とから

$$\bar{x} = x_0 + h \cdot \bar{u} \qquad (3)$$

$$s = h\sqrt{\frac{1}{n-1}S_u} \qquad (4)$$

となる．

（iii）$\bar{u}, S_u$ はデータ u_i についての平均と平方和であるが，データ u_i は f_i 個あるので

$$\bar{u} = \frac{1}{n}\sum_i u_i f_i$$

$$S_u = \sum_i (u_i - \bar{u})^2 f_i = \sum_i u_i^2 f_i - \frac{\left(\sum_i u_i f_i\right)^2}{n}$$

となる．これらの式を(3)式と(4)式に代入することにより，(1)式と(2)式が得られる．

注3 $u_i^2 f_i$ の欄は u_i と $u_i f_i$ の欄の積として求める．

注4 度数分布表を利用して計算した $\bar{x}, s$ の値が，正確な値ではなくて近似値であるというのは，前述の原理の説明中のステップ(i)によっているのである．例題2の身長のデータから直接 $\bar{x}, s$ の値を計算すると

$$\bar{x} = 170.57$$
$$s = 5.26$$

となる．度数分布表から計算した $\bar{x}, s$ の値と殆ど違わないことがわかるであろう．

§3 平均，標準偏差の実用的な意味づけ

すでに§1で説明したように，データから計算される平均($\bar{x}$)はデータの中心的位置を表わす尺度であり，標準偏差(s)はデータのばらつき具合を表わす尺度である．つまり，いずれも1つの尺度に過ぎない．

しかしながら，もしデータから作られるヒストグラムが対称性をもち釣鐘型をしているならば，そのデータから計算される $\bar{x}$ と s とは単なる尺度ではなくて，実用的な意味をもつ数値となる．それは

　　区間($\bar{x}-s, \bar{x}+s$)の間にあるデータの割合は約68％

　　区間($\bar{x}-2s, \bar{x}+2s$)の間にあるデータの割合は約95％

　　区間($\bar{x}-3s, \bar{x}+3s$)の間にあるデータの割合は約99.7％

という性質をもつのである(ここにでてくる 68, 95, 99.7％ は理論値であって，これについての理論的説明は第4章§8で与える)．し

たがって，$\bar{x}$ と s の値がわかれば，データの大体の姿を頭に描くことができるのである．データの特徴を表わす数値として，$\bar{x}$ と s がほぼ独占的に使われているのは，$\bar{x}$ と s とがこのような性質をもっているからである．

例題2のデータについて上の性質を確かめてみよう．このデータのヒストグラムは図1のようになり，かなりの対称性をもっており釣鐘型に近い．$\bar{x}$ と s の値は例題3で計算をしており，

$$\bar{x} = 170.57, \quad s = 5.23$$

である．区間

$$\bar{x} \pm s = (165.34, \ 175.80)$$

の中にあるデータの個数は96個であり，$\dfrac{96}{130} = 0.738$ であるから，全体の約74%のデータがこの区間にあることになる．次に，区間

$$\bar{x} \pm 2s = (160.11, \ 181.03)$$

の中にあるデータの個数は122個で，全体の約94%である．最後に，区間

$$\bar{x} \pm 3s = (154.88, \ 186.26)$$

の中にあるデータの個数は130個で，全データがこの区間の中に入っている．いずれも，上に述べた理論値とかなり近いことがわかるであろう．

§4 層　別

データを，いろいろな性質，またはデータの得られた履歴から分類することを**層別**という．

例えば，例題2における大学生130人の身長のデータを，自宅通学生と下宿通学生とに層別し，それぞれのヒストグラムを書いたところ図2のようになったとする．図2より，自宅通学生と下宿通学

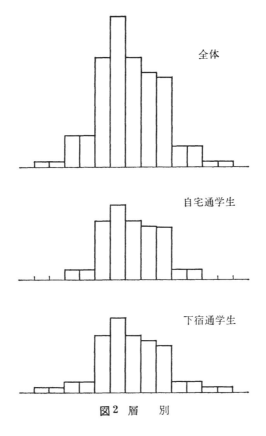

図2 層 別

生とは平均身長はほぼ同じであるが,自宅通学生のほうがばらつきが小さい,ということが容易にわかる.

このように,層別は簡単な手法であるが,層別をいろんな角度から行なうことにより重要な情報が得られる場合が多い.

例題4 巻末付録の統計資料Ⅱは1982年度・日本プロ野球の打撃成績である.

セ・リーグの打撃成績を,左打者・右打者別,内野手・外野手別にそれぞれ層別して度数分布表を作ると表4のようになる(注5参

表4　セ・リーグの打撃成績

階　　級	度数	度数		度数	
		左打者	右打者	内野手	外野手
0.120(以上)～0.140(未満)	1	0	1	0	1
0.140　　～0.160	0	0	0	0	0
0.160　　～0.180	4	2	2	2	2
0.180　　～0.200	9	2	7	7	2
0.200　　～0.220	16	4	12	11	5
0.220　　～0.240	8	5	3	3	5
0.240　　～0.260	10	7	3	3	7
0.260　　～0.280	20	6	14	14	6
0.280　　～0.300	10	6	4	5	5
0.300　　～0.320	5	2	3	3	2
0.320　　～0.340	1	1	0	1	0
0.340　　～0.360	3	3	0	1	2
度数の合計	87	38	49	50	37
平均($\bar{x}$)	0.247	0.259	0.238	0.246	0.249
標準偏差(s)	0.0453	0.0475	0.0417	0.0443	0.0472

表5　パ・リーグの打撃成績

階　　級	度数	度数		度数	
		左打者	右打者	内野手	外野手
0.120(以上)～0.140(未満)	0	0	0	0	0
0.140　　～0.160	1	0	1	1	0
0.160　　～0.180	2	0	2	1	1
0.180　　～0.200	6	1	5	4	2
0.200　　～0.220	13	3	10	9	4
0.220　　～0.240	19	7	12	13	6
0.240　　～0.260	12	2	10	6	6
0.260　　～0.280	21	8	13	11	10
0.280　　～0.300	9	2	7	5	4
0.300　　～0.320	10	5	5	6	4
0.320　　～0.340	2	1	1	1	1
0.340　　～0.360	0	0	0	0	0
度数の合計	95	29	66	57	38
平均($\bar{x}$)	0.250	0.260	0.246	0.247	0.255
標準偏差(s)	0.0375	0.0343	0.0382	0.0389	0.0351

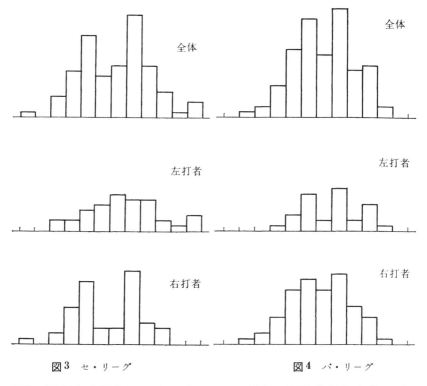

図3 セ・リーグ　　　　　　　図4 パ・リーグ

照). 同様な層別をパ・リーグについて行ない度数分布表を作ると表5のようになる.

表4, 表5の下欄に, 参考までに, 平均$(\bar{x})$と標準偏差(s)の値をリストしておいた.

(i) 表4をもとに, セ・リーグの打撃成績を左打者・右打者別で層別したヒストグラムを書いてみると図3のようになる. 左打者のほうが, いくらか打率が高いようである.

(ii) 表5をもとに, (i)と同様な層別をパ・リーグについて行なうと図4のようになる. セ・リーグの場合と同じように, 左打者のほうがいくらか打率が高いように見えるが, その違いはセ・リーグ

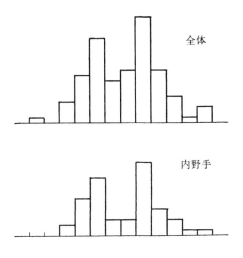

図5 セ・リーグ

ほど顕著ではない．パ・リーグでは，右打者の割合がセ・リーグのそれより高いことに注目してほしい．

(iii) 表4をもとに，セ・リーグの打撃成績を内野手，外野手で層別したヒストグラムを書いてみると図5のようになる．ポジションによる打率の差はなさそうである．パ・リーグのデータに対しても，ほぼ同様のことがいえる．

注5 表4のように，度数分布表での階級の境界を

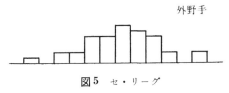

というように定めることもある．この階級は，§2で述べた定め方を使えば

$$0.1195 \sim 0.1395$$

となり,階級値は 0.1295 ということになる.

例題5 新聞社は内閣支持率についての世論調査を定期的に行なっているが,その調査データもいろんな角度から層別して発表されている.

1例として,中曾根内閣(N 内閣)が成立直後の 1982 年 12 月 2 日,3 日の両日,朝日新聞社が行なった N 内閣支持率調査の結果の一部をここにとりあげる(朝日新聞,1982 年 12 月 5 日付日刊より抜粋).

ランダムに選ばれた 3000 人の回答者(第 1 章,例題 5 を参照)のうち,有効回答者数は 2551 人であった.このうち,N 内閣を支持する人の割合は 37% であった.このデータを,男女別および年齢別に層別すると,それぞれ図 6,図 7 のようになっている.

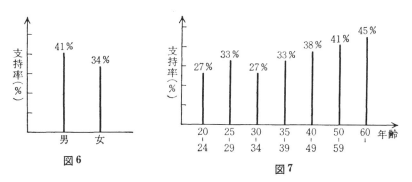

図6 図7

これより,N 内閣の支持率は全体としては 37% であるが,50 歳以上の高年齢層の支持率が高いことがわかる.

例題6 某商事会社では一般経費を年間 8000 万円使っており,その内訳は表 6 の通りである.これから,一般経費節減のための対策を考えてみよう.

解説 表 6 を金額の大きい費目順に並べ直し,金額,累積金額,累積金額のパーセントを記入した表,表 7 を作る.さらに,これを

表6 一般経費の内訳

費目	金額(万円)
光熱・水道費	700
交通費	2000
通信費	3500
消耗品費	1000
雑費	320
その他	480
計	8000

グラフにして図8を作成する.

図8を眺めると,全経費の約44%は通信費が占め,通信費と交通費で全経費の約70%近くを占めていることがわかる.したがって経費節減のためには,通信費と交通費をとりあげ,これの内容を分析し,減らす対策を考えるのが効果的である.この際,金額の小さい光熱・水道費をとりあげ,これの節減をいかにうまく考えたとしても,それの効果は小さい.効果の大きいものから順に手をつけていくのが,問題の正しい攻め方である.

表7

費目	金額(万円)	累積金額(万円)	累積金額のパーセント
通信費	3500	3500	43.8
交通費	2000	5500	68.8
消耗品費	1000	6500	81.3
光熱・水道費	700	7200	90.0
雑費	320	7520	94.0
その他	480	8000	100.0
	8000		

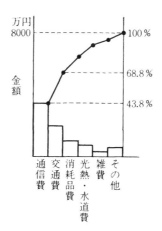

図8 パレート図

　図8は，一般経費の内訳を層別し，金額の大きい順に並べると，最初の数費目でもって全経費の70〜80%に達することを示している．このような図は**パレート図**とよばれており，問題解決の方向づけを探るための手法としてよく用いられる．

　例題7　表8は某工事会社の過去7年間の作業中の死亡者数40名を原因別に層別したものである．これをパレート図にしてみると図9のようになり，墜落・転落，飛来・落下，崩壊・倒壊の上位3項目でもって死亡者数の65%を占めていることがわかる．よって，この種の事故の防止対策を立ててやれば，事故による死亡者数はぐんと減ることになる．

　これから更に進んで，このデータを事故発生時の作業内容別，事故発生時刻別などに層別していけば，事故防止対策のヒントが得られるであろう．

表8

原因	死亡者数
墜落・転落	14
飛来・落下	9
崩壊・倒壊	3
はさまれ・巻込まれ	3
激突	3
転倒	2
その他	6
計	40

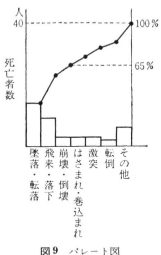

図9 パレート図

練習問題 2

1. 巻末の統計資料Ⅰに，大学生130人の体重のデータが与えてある．このデータに対し

(i) 度数分布表を作り，ヒストグラムを書け．

(ii) 度数分布表を利用して，平均 ($\bar{x}$) と標準偏差 (s) を計算せよ．

(iii) 区間 $(\bar{x}-s, \bar{x}+s)$, $(\bar{x}-2s, \bar{x}+2s)$, $(\bar{x}-3s, \bar{x}+3s)$ の間にあるデータの割合を求めてみよ．

第3章
データのまとめ方 (2)
相関と回帰

　この章では，対になった2つの変数(x,y)についてのデータが与えられているとき，このデータから変数x,yの間の関係を記述し分析することを考える．

　2つの変数としては，人間の身長(x)と体重(y)のように，1つのものの2つの特性値という場合と，車の走行速度(x)とガソリン消費量(y)というように，一方が原因で他方が結果という場合の2つに大別される．しかし，この両者の区別は，この章の段階では特に必要ではない．

　最後に，3つ以上の変数の場合についても少しふれる．

§1 散布図

　25人の大学生の身長(x)と体重(y)に関して，表1のデータが得られているとする．これから身長と体重との間の関係を調べるには，図1のように，この25個のデータをx-y平面上にプロットしてみるのがよい．このような図は**散布図**とよばれている．散布図を眺めることにより，xとyとの間の大体の関係を知ることができる．

　散布図のいくつかの型を図示したものが図2である．図2においては以下のような関係がみられる．

　(i)　xが増すとyは直線的に増加し，その直線的関係が強い（この場合，xとyとの間には**正の相関**がある，または正の相関が強

表1 大学生の身長と体重

No.	身長(cm)	体重(kg)	No.	身長(cm)	体重(kg)
1	162.3	52.2	14	165.4	55.5
2	169.3	64.0	15	161.0	56.2
3	160.3	52.2	16	165.7	55.4
4	168.2	66.9	17	172.8	57.0
5	168.8	62.2	18	180.0	60.2
6	165.8	62.2	19	168.6	63.4
7	164.4	58.7	20	163.8	58.5
8	164.9	63.5	21	166.7	52.5
9	175.0	66.6	22	162.7	56.8
10	172.0	64.0	23	172.4	52.6
11	155.0	57.0	24	177.8	63.9
12	172.3	69.0	25	168.8	54.0
13	176.4	56.9			

(これは,巻末付録の統計資料Iからランダムに選んだ25人の学生のデータである)

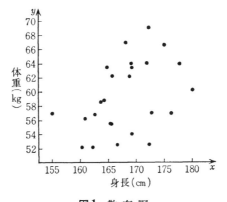

図1 散布図

い,とよばれる).

(ii) x が増すと y は直線的に増加するが,その関係は(i)の場合とくらべると弱い.

(iii) x と y との間には関係がない(この場合,x と y との間に

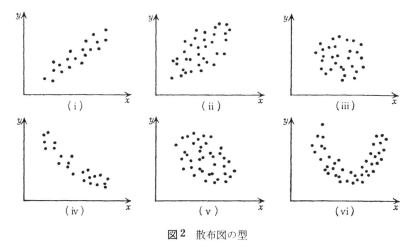

図2 散布図の型

は**相関がない**,または x と y とは**無相関**である,とよばれる).

(iv) x が増すと y は直線的に減少し,その直線的関係が強い(この場合,x と y との間には**負の相関**がある,または負の相関が強い,とよばれる).

(v) x が増すと y は直線的に減少するが,その関係は(iv)の場合とくらべると弱い.

(vi) x があるところまで増すと y は減少するが,それ以上の x に対しては y は増加する.x と y との間には2次式的な関係がある.

§2 相関係数

散布図から,x と y との間に直線的関係があると認められたとき,この関係の強さを表わす尺度があると便利である.このためのものとして相関係数がある.

変数 (x, y) に関し,表2のように n 組の観測値が得られているとする.変数 x と y との**相関係数** r は

表2

x	y
x_1	y_1
x_2	y_2
$\vdots$	$\vdots$
x_n	y_n
平均 $\bar{x}$	$\bar{y}$

$$r = \frac{\sum_{i}^{n}(x_i-\bar{x})(y_i-\bar{y})}{\sqrt{\left[\sum_{i}^{n}(x_i-\bar{x})^2\right]\left[\sum_{i}^{n}(y_i-\bar{y})^2\right]}} \tag{1}$$

として定義される．この r は，n 組の標本データから計算されたものであることから，**標本相関係数**とよばれることもある．

相関係数 r が x と y との直線的関係の強さを表わす尺度になることを説明しよう．まず r は

$$r = \frac{\dfrac{1}{n-1}\sum_{i}^{n}(x_i-\bar{x})(y_i-\bar{y})}{\sqrt{\left[\dfrac{1}{n-1}\sum_{i}^{n}(x_i-\bar{x})^2\right]\left[\dfrac{1}{n-1}\sum_{i}^{n}(y_i-\bar{y})^2\right]}} \tag{2}$$

とも書けることを注意しておく．この(2)式で r の意味を考える． r の本質は分子にある．散布図(図3)上に，点 $O'(\bar{x},\bar{y})$ を原点とす

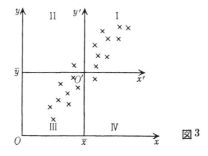

図3

る新しい直交座標軸 $x'O'y'$ を作り,これに対して図のように I, II, III, IV の 4 つの象限を定める.当然, n 個の点はこの 4 つの象限のどこかに属することになる.

第 I 象限内の点に対しては,$(x_i-\bar{x})>0, (y_i-\bar{y})>0$ であるから
$$(x_i-\bar{x})(y_i-\bar{y})>0$$
である.

第 II 象限内の点に対しては,$(x_i-\bar{x})<0, (y_i-\bar{y})>0$ であるから
$$(x_i-\bar{x})(y_i-\bar{y})<0$$
である.

第 III 象限内の点に対しては,$(x_i-\bar{x})<0, (y_i-\bar{y})<0$ であるから
$$(x_i-\bar{x})(y_i-\bar{y})>0$$
である.

第 IV 象限内の点に対しては,$(x_i-\bar{x})>0, (y_i-\bar{y})<0$ であるから
$$(x_i-\bar{x})(y_i-\bar{y})<0$$
である.

このことから,図 3 のように,x と y との間に正の相関がある場合には,n 個の点は殆ど第 I 象限と第 III 象限内にあり,第 II,第 IV 象限内の点は少ないであろう.したがって $\sum_{i}^{n}(x_i-\bar{x})(y_i-\bar{y})$ は正で大きい値をとるであろう.一方,図 2(iv) のように,x と y との間に負の相関がある場合には,n 個の点は殆ど第 II 象限と第 IV 象限内にあり,第 I,第 III 象限内の点は少ないであろう.したがって $\sum_{i}^{n}(x_i-\bar{x})(y_i-\bar{y})$ は負で絶対値が大きいであろう.また,図 2(iii) のように,x と y との間に相関がない場合には,n 個の点は 4 つの象限内にほぼ均等に配分されることになるであろうから,$\sum_{i}^{n}(x_i-\bar{x})(y_i-\bar{y})$ は 0 に近い値をとるであろう.

以上のことから,

$$\sum_{i}^{n}(x_i-\bar{x})(y_i-\bar{y}) \qquad (3)$$

の値の大きさによって，x と y との直線的関係の強さを知ることができる．当然，この値は n に関係するので，これを $(n-1)$ で割ったもの，つまり

$$\frac{1}{n-1}\sum_{i}^{n}(x_i-\bar{x})(y_i-\bar{y}) \qquad (4)$$

の値でもって，x と y との直線的関係の強さをはかることができる(注1参照)．(4)式は変数 x と y との**共分散**，または**標本共分散**とよばれている．

共分散は，x と y の単位のとり方によりその値が異なるという欠点がある．例えば，x が身長，y が体重である場合，それぞれの単位をどうとるかにより，同じデータであっても共分散の値は異なる．単位のとり方に関係しないようにするためには，共分散を，それぞれの変数の標準偏差

$$\sqrt{\frac{1}{n-1}\sum_{i}^{n}(x_i-\bar{x})^2}, \qquad \sqrt{\frac{1}{n-1}\sum_{i}^{n}(y_i-\bar{y})^2}$$

で割る．こうして(2)式が導かれ，相関係数の定義式，(1)式が得られる．

注1 (3)式を n で割ることも考えられるが，第2章§1の分散(s^2)の定義式のところで $(n-1)$ を用いたのと全く同じ理由により，$(n-1)$ で割ったのである．

相関係数(r)の性質

(1) 相関係数 r は -1 と 1 の間の値をとる．すなわち $|r|\leqq 1$ である．

また $|r|=1$ であるときは，x と y との間に1次の関係式があるときである．すなわち，適当な定数 a, b に対して，

$$y_i = ax_i + b, \quad i = 1, 2, \cdots, n$$

が成立するときである.$r=1$ のときは $a>0$,$r=-1$ のときは $a<0$ である.

証明 λ, μ を任意の実数とし

$$Q = \sum_i^n [\lambda(x_i-\bar{x}) + \mu(y_i-\bar{y})]^2$$

$$= \lambda^2 \sum_i^n (x_i-\bar{x})^2 + 2\mu\lambda \sum_i^n (x_i-\bar{x})(y_i-\bar{y}) + \mu^2 \sum_i^n (y_i-\bar{y})^2$$

を考える.Q は λ, μ のいかんにかかわらず常に非負であるから,Q を λ の2次式とみたとき,これの判別式は非正でなければならない.したがって

$$\left[\sum_i^n (x_i-\bar{x})(y_i-\bar{y})\right]^2 \leq \left[\sum_i^n (x_i-\bar{x})^2\right]\left[\sum_i^n (y_i-\bar{y})^2\right]$$

を得る.これは $r^2 \leq 1$ を示している.ここで等号が成立するのは,判別式が0の場合,したがって Q が0の場合である.このことは,すべての i に対して

$$\lambda(x_i-\bar{x}) + \mu(y_i-\bar{y}) = 0$$

が成立する場合である.これは,すべての i に対して,x_i と y_i との間に1次の関係式

$$y_i = ax_i + b \quad (a, b \text{ は適当な定数})$$

が成立する場合である.$r=1$ のときは $a>0$,$r=-1$ のときは $a<0$ であることは,r の定義から明らかである.——

(2) (1)で得られた $-1 \leq r \leq 1$ の性質と,前述の共分散の性質とを結びつけると r の符号は正,負の相関を表わし

　r の値が1に近いほど正の相関が強い

　r の値が -1 に近いほど負の相関が強い

　r の値が0に近ければ,x と y との間には相関がない

ということができる.

相関係数 r の値と, x と y との直線的関係の強さとの関係の大体の目安を, 図2の散布図の場合で示しておく.

(i)の場合: $r = 0.8 \sim 0.9$

(ii)の場合: $r = 0.5 \sim 0.6$

(iii)の場合: $r \fallingdotseq 0$

(iv)の場合: $r = -0.8 \sim -0.9$

(v)の場合: $r = -0.5 \sim -0.6$

(vi)の場合: r は x と y との直線的関係の強さを表わす尺度であるから, この場合に r の値を計算することは無意味であり, また正しくない. 実際に r の値を計算すると $r \fallingdotseq 0$ となるであろう. (この場合, 散布図を書かないで, いきなり r の値を計算し, $r \fallingdotseq 0$ だから x と y との間には関係がないと判断するのは誤りである. 実際には, x と y との間には, はっきりと, 2次曲線的な関係がある.)

(3) $r^2 \times 100 (\%)$ は**寄与率**とよばれ, y の変動のうち x で何パーセント説明がつくかを表わす数値となる(証明は省略する).

(4) r は x, y を測るときの原点の位置や尺度のとり方に無関係である. すなわち, a, b, c, d を任意の定数とし,
$$u = ax+b, \quad v = cy+d \quad (ac>0 \text{ とする})$$
によって x, y を u, v に変換するとき, **変数 u, v についての相関係数はもとの変数 x, y についての相関係数と同じである**.

なぜかというと,
$$u_i = ax_i+b, \quad v_i = cy_i+d$$
であるから
$$u_i - \bar{u} = a(x_i - \bar{x}), \quad v_i - \bar{v} = c(y_i - \bar{y})$$
となり, u, v の相関係数を r_{uv} とすると

$$r_{uv} = \frac{\sum_i^n (u_i-\bar{u})(v_i-\bar{v})}{\sqrt{\left[\sum_i^n (u_i-\bar{u})^2\right]\left[\sum_i^n (v_i-\bar{v})^2\right]}}$$

$$= \frac{ac\sum_i^n (x_i-\bar{x})(y_i-\bar{y})}{\sqrt{(ac)^2\left[\sum_i^n (x_i-\bar{x})^2\right]\left[\sum_i^n (y_i-\bar{y})^2\right]}}$$

となる.仮定より $ac>0$ であるから,r_{uv} は x と y との相関係数となる.――

相関係数の計算に際しては前述の性質(4)を用い,また,分子,分母の計算にはこれらを変形した公式

$$\left.\begin{aligned}\sum_i^n (x_i-\bar{x})(y_i-\bar{y}) &= \sum_i^n x_i y_i - \frac{\left(\sum_i^n x_i\right)\left(\sum_i^n y_i\right)}{n} \\ \sum_i^n (x_i-\bar{x})^2 &= \sum_i^n x_i^2 - \frac{\left(\sum_i^n x_i\right)^2}{n} \\ \sum_i^n (y_i-\bar{y})^2 &= \sum_i^n y_i^2 - \frac{\left(\sum_i^n y_i\right)^2}{n}\end{aligned}\right\} \quad (5)$$

を使うとよい.しかしながら相関係数の計算は,データの数 n が30以下ぐらいならば電卓などを用いて手計算でも可能であるが,n が大きくなるとかなり大変な労力を要する.計算機が普及している今日では,計算機を使って求めるほうが経済的でもあるし,計算間違いもない.

例題1 表1は25人の大学生の身長と体重のデータである.これの散布図は図1のようになり,身長と体重との間には,わずかながらも,直線的関係が認められる.したがって,この関係の強さを

§2 相関係数

表わす相関係数を計算してみよう.

解説 身長(x)のデータから計算しやすくするために 150 を引き, かつ小数点を除くために 10 倍をする. 同様に, 体重(y)のデータから 50 を引き 10 倍をする. つまり

$$u_i = (x_i - 150) \times 10, \quad v_i = (y_i - 50) \times 10$$

表 3

x_i	y_i	u_i	v_i	u_i^2	v_i^2	$u_i v_i$
162.3	52.2	123	22	15129	484	2706
169.3	64.0	193	140	37249	19600	27020
160.3	52.2	103	22	10609	484	2266
168.2	66.9	182	169	33124	28561	30758
168.8	62.2	188	122	35344	14884	22936
165.8	62.2	158	122	24964	14884	19276
164.4	58.7	144	87	20736	7569	12528
164.9	63.5	149	135	22201	18225	20115
175.0	66.6	250	166	62500	27556	41500
172.0	64.0	220	140	48400	19600	30800
155.0	57.0	50	70	2500	4900	3500
172.3	69.0	223	190	49729	36100	42370
176.4	56.9	264	69	69696	4761	18216
165.4	55.5	154	55	23716	3025	8470
161.0	56.2	110	62	12100	3844	6820
165.7	55.4	157	54	24649	2916	8478
172.8	57.0	228	70	51984	4900	15960
180.0	60.2	300	102	90000	10404	30600
168.6	63.4	186	134	34596	17956	24924
163.8	58.5	138	85	19044	7225	11730
166.7	52.5	167	25	27889	625	4175
162.7	56.8	127	68	16129	4624	8636
172.4	52.6	224	26	50176	676	5824
177.8	63.9	278	139	77284	19321	38642
168.8	54.0	188	40	35344	1600	7520
計		4504	2314	895092	274724	445770

と,もとのデータ (x_i, y_i) を (u_i, v_i) に変換し,u, v についての相関係数を計算する.前述の性質(4)より,もとのデータ x, y についての相関係数は u, v についての相関係数と同じである.計算の補助表を表3に示す.表3より

$$\sum_{i}^{n} u_i = 4504 \qquad \sum_{i}^{n} v_i = 2314$$

$$\sum_{i}^{n} u_i^2 = 895092 \qquad \sum_{i}^{n} v_i^2 = 274724$$

$$\sum_{i}^{n} u_i v_i = 445770$$

であるから,(5)式を用いて

$$\sum_{i}^{n}(u_i-\bar{u})^2 = \sum_{i}^{n} u_i^2 - \frac{\left(\sum_{i}^{n} u_i\right)^2}{n} = 895092 - \frac{(4504)^2}{25} = 83651.4$$

$$\sum_{i}^{n}(v_i-\bar{v})^2 = \sum_{i}^{n} v_i^2 - \frac{\left(\sum_{i}^{n} v_i\right)^2}{n} = 274724 - \frac{(2314)^2}{25} = 60540.2$$

$$\sum_{i}^{n}(u_i-\bar{u})(v_i-\bar{v}) = \sum_{i}^{n} u_i v_i - \frac{\left(\sum_{i}^{n} u_i\right)\left(\sum_{i}^{n} v_i\right)}{n}$$

$$= 445770 - \frac{(4504)(2314)}{25} = 28879.8$$

が得られる.よって x と y との相関係数 r は

$$r = \frac{\sum_{i}^{n}(x_i-\bar{x})(y_i-\bar{y})}{\sqrt{\left[\sum_{i}^{n}(x_i-\bar{x})^2\right]\left[\sum_{i}^{n}(y_i-\bar{y})^2\right]}} = \frac{\sum_{i}^{n}(u_i-\bar{u})(v_i-\bar{v})}{\sqrt{\left[\sum_{i}^{n}(u_i-\bar{u})^2\right]\left[\sum_{i}^{n}(v_i-\bar{v})^2\right]}}$$

$$= \frac{28879.8}{\sqrt{83651.4 \times 60540.2}} = 0.406$$

となる．この r の値からして，身長と体重の間には，弱いけれども，いくらか直線的関係があると判断してよい．

例題2 巻末付録の統計資料Ⅰの大学生 $n=130$ 人の身長と体重のデータを用い，計算機を利用して身長と体重の相関係数 r を計算すると

$$r = 0.433$$

となる．例題1で用いた表1のデータは，巻末の統計資料Ⅰの130人の中からランダムに選んだ25人のデータであるので例題1と例題2の相関係数 r の値はかなり近いことがわかる．

§3 直線回帰

2つの変数 x と y との間に直線的関係が認められたとき，ではつぎに，その直線の式はどうなるか，ということに話は進むであろう．変数 (x,y) について，表4のように n 組のデータが得られているとき，これらに対してあてはまりが最もよい直線を求めるのには，普通，**最小2乗法**が用いられる．その最小2乗法とは次のように考えたものである．

求める直線の式を

$$y = a + bx \qquad (1)$$

とおくとき，問題は a, b の値を定めることである．直線(1)式が正

表4

x	y
x_1	y_1
x_2	y_2
⋮	⋮
x_i	y_i
⋮	⋮
x_n	y_n
平均 $\bar{x}$	$\bar{y}$

しいとすると，$x=x_i$ のときの y は $a+bx_i$ となるべきであるが，実際に観測されている y の値は y_i である．したがって，

$$Q \equiv \sum_i^n [y_i-(a+bx_i)]^2 \tag{2}$$

が最小になるように a,b の値を定めてやろうというのが最小2乗法の考え方である(図4参照)．

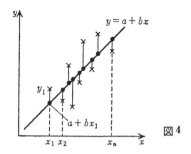

図4

a,b を求めるために Q を a,b で微分して0に等しいとおくと

$$\begin{aligned} na+\left(\sum_i^n x_i\right)b &= \sum_i^n y_i \\ \left(\sum_i^n x_i\right)a+\left(\sum_i^n x_i^2\right)b &= \sum_i^n x_i y_i \end{aligned} \tag{3}$$

が得られる．方程式(3)は**正規方程式**とよばれている．正規方程式を解くことにより

$$\begin{aligned} b &= \frac{n\sum_i^n x_i y_i - \left(\sum_i^n x_i\right)\left(\sum_i^n y_i\right)}{n\sum_i^n x_i^2 - \left(\sum_i^n x_i\right)^2} = \frac{S(x,y)}{S(x,x)} \\ a &= \bar{y}-b\bar{x} \end{aligned} \tag{4}$$

が得られる．

以後，記号

§3 直線回帰

$$S(x, y) = \sum_{i}^{n} (x_i - \bar{x})(y_i - \bar{y})$$
$$S(x, x) = \sum_{i}^{n} (x_i - \bar{x})^2 \tag{5}$$
$$S(y, y) = \sum_{i}^{n} (y_i - \bar{y})^2$$

を使う. よって求める直線の式は

$$\begin{aligned} y &= a + bx \\ &= \bar{y} + b(x - \bar{x}) \end{aligned} \tag{6}$$

で与えられる. ここで a, b は(4)式で求められたものである. (6)式は, x に対する y の**回帰式**または**回帰直線**とよばれる.

回帰式における**回帰**(regression)という名前の由来について説明しよう. 優生学者 ゴルトン (Francis Galton, 1822-1911)は, "親の背の高さは子供に遺伝するか"を調べるため, 何組かの親子を選び, それぞれの身長を測定し図5のような散布図を得た. ここで, 背の高い順に例えば20人の父親を選び, これに対する20人の息子を考える. そうして20人の父親の平均身長と, それに対する20人の息子の平均身長とを比べてみると, 息子の平均身長の方が低い. 逆に, 背の低い方から例えば20人の父親を選び, これに対する20人の息子を考える. そうすると, こんどは20人の息子の平均身長の方が

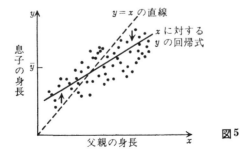

図5

20人の父親の平均身長よりも高い．つまり，x と $\bar{y}$ との関係を表わす直線の式は，$y=x$ ではなくて，息子の平均身長 $\bar{y}$ の方に**回帰する**(regress)式となる．このことからゴルトンは，この直線に回帰直線という名前をつけたといわれている．

(6)式は x と y との関係を示すものであるが，この式が実際にどれぐらい有効であるかを知るためには，この式が現実のデータに対してどれぐらいよくフィットしているかを表わす尺度，つまりこの回帰式のまわりに点がどう散らばっているかの尺度が必要となる．

$x=x_i$ のときの回帰式での値を $\hat{y}_i$ と書く．つまり

$$\hat{y}_i = a+bx_i = \bar{y}+b(x_i-\bar{x}) \tag{7}$$

である．まず，あてはまりの程度は，実際に観測されている y の値 y_i と，回帰式から計算される y の値 $\hat{y}_i$ との差(残差とよばれる)の2乗和，$\sum_i^n (y_i-\hat{y}_i)^2$ ではかることができる．この量は**残差平方和**とよばれ，記号 S_E で表わす．つまり

$$S_E = \sum_i^n (y_i-\hat{y}_i)^2 \tag{8}$$

である．

残差 $y_i-\hat{y}_i$ の和は0，したがって残差の平均は0になるから[注2]，第2章§1での標準偏差の考え方から，

$$s_{y \cdot x} \equiv \sqrt{\frac{1}{n-1}\sum_i^n (y_i-\hat{y}_i)^2} = \sqrt{\frac{1}{n-1}S_E} \tag{9}$$

が回帰式のまわりの散らばりの標準偏差となる[注3]．$s_{y \cdot x}$ は回帰式のまわりの標準偏差とよばれ，回帰式のフィットの程度を表わす1つの尺度として用いられる．

例えば，$s_{y \cdot x}$ は回帰式のまわりの標準偏差であるから，第2章§3で説明したように，回帰式の上下に，幅 $2s_{y \cdot x}$ で回帰式に平行な直線を引くと，データ(点)の約95%はこの2直線内に入ってい

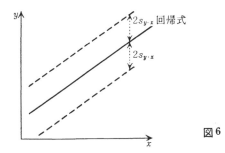

図6

る，と考えてよい(図6参照).

残差平方和 S_E は

$$S_E = \sum_i^n (y_i - \hat{y}_i)^2 = \sum_i^n [(y_i - \bar{y}) - b(x_i - \bar{x})]^2$$

$$= \sum_i^n (y_i - \bar{y})^2 - 2b \sum_i^n (x_i - \bar{x})(y_i - \bar{y}) + b^2 \sum_i^n (x_i - \bar{x})^2$$

$$= S(y, y) - 2 \frac{[S(x, y)]^2}{S(x, x)} + \frac{[S(x, y)]^2}{S(x, x)}$$

$$= S(y, y) - \frac{[S(x, y)]^2}{S(x, x)} \tag{10}$$

$$= S(y, y) - bS(x, y) \tag{11}$$

と変形されるので，(10)式または(11)式を用いて残差平方和を計算してもよい．

注2 残差の和が0になることは次のようにして示される．

$$\sum_i^n (y_i - \hat{y}_i) = \sum_i^n [y_i - \bar{y} - b(x_i - \bar{x})] = \sum_i^n (y_i - \bar{y}) - b \sum_i^n (x_i - \bar{x})$$
$$= 0$$

注3 (9)式の分母を $(n-1)$ でなく $(n-2)$ とすることがある．$(n-2)$ にするほうが理論的にはよいのであるが，ここでは，第2章§1の標準偏差の定義との関連を考えて $(n-1)$ を採用した．

例題3 例題1において，大学生の身長 $(x\,\text{cm})$ と体重 $(y\,\text{kg})$ との

間には，わずかながらも直線的関係が認められた．では，x と y との間の関係を表わす直線の式，つまり x に対する y の回帰式はどのようになるか．

解説 例題1より

$$\bar{x} = 150 + \frac{1}{10}\bar{u} = 150 + \frac{1}{10}\frac{4504}{25} = 168.02$$

$$\bar{y} = 50 + \frac{1}{10}\bar{v} = 50 + \frac{1}{10}\frac{2314}{25} = 59.26$$

$$S(x,x) = \sum_i^n (x_i - \bar{x})^2 = \frac{1}{100}\sum_i^n (u_i - \bar{u})^2 = 836.514$$

$$S(y,y) = \sum_i^n (y_i - \bar{y})^2 = \frac{1}{100}\sum_i^n (v_i - \bar{v})^2 = 605.402$$

$$S(x,y) = \sum_i^n (x_i - \bar{x})(y_i - \bar{y}) = \frac{1}{100}\sum_i^n (u_i - \bar{u})(y_i - \bar{y}) = 288.798$$

が得られる．よって，(4)式より

$$b = \frac{S(x,y)}{S(x,x)} = \frac{288.798}{836.514} = 0.34524$$

$$a = \bar{y} - b\bar{x} = 59.26 - 0.34524 \times 168.02 = 1.25$$

であるから，x に対する y の回帰式は，(6)式より

$$y = 1.25 + 0.3452x \tag{12}$$

となる．

x の各値 x_i に対する実際の y の値 y_i，回帰式で計算される y の値 $\hat{y}_i$，さらに残差 $y_i - \hat{y}_i$，残差の2乗 $(y_i - \hat{y}_i)^2$ の値を表5に示す．

残差平方和は，表5より

$$S_E = \sum_i^n (y_i - \hat{y}_i)^2 = 505.70$$

となる．または(11)式を用いて

$$S_E = S(y,y) - bS(x,y)$$

§3 直線回帰

$$= 605.402 - 0.3452 \times 288.798$$
$$= 505.709$$

として計算してもよい(ここでは $S_E = 505.70$ を採用する). したがって回帰式のまわりの標準偏差は

$$s_{y \cdot x} = \sqrt{\frac{1}{n-1} S_E} = \sqrt{\frac{505.70}{24}} = 4.59 \qquad (13)$$

表5

x_i	y_i	$\hat{y}_i$	$y_i - \hat{y}_i$	$(y_i - \hat{y}_i)^2$
162.3	52.2	57.28	−5.08	25.83
169.3	64.0	59.70	4.30	18.50
160.3	52.2	56.59	−4.39	19.29
168.2	66.9	59.32	7.58	57.46
168.8	62.2	59.53	2.67	7.15
165.8	62.2	58.49	3.71	13.76
164.4	58.7	58.01	0.69	0.48
164.9	63.5	58.18	5.32	28.30
175.0	66.6	61.67	4.93	24.33
172.0	64.0	60.63	3.37	11.35
155.0	57.0	54.76	2.24	5.01
172.3	69.0	60.74	8.26	68.31
176.4	56.9	62.15	−5.25	27.57
165.4	55.5	58.35	−2.85	8.14
161.0	56.2	56.83	−0.63	0.40
165.7	55.4	58.46	−3.06	9.34
172.8	57.0	60.91	−3.91	15.27
180.0	60.2	63.39	−3.19	10.20
168.6	63.4	59.46	3.94	15.54
163.8	58.5	57.80	0.70	0.49
166.7	52.5	58.80	−6.30	39.71
162.7	56.8	57.42	−0.62	0.39
172.4	52.6	60.77	−8.17	66.74
177.8	63.9	62.63	1.27	1.60
168.8	54.0	59.53	−5.53	30.54
		計	0.00	505.70

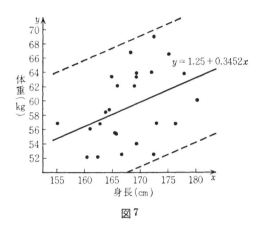

図7

となる.図6のように,回帰式の上下に,
$$2s_{y\cdot x} = 2 \times 4.59 = 9.18$$
の幅をとると,理論的には,25個の点の約95%がこの幅の中に入ることになる.いまの場合には,25個全部の点がこの幅の中に入っている(図7参照).

表5で,y_iと$\hat{y}_i$とを比べてみると,回帰式(12)のフィットはあまりよくない.(このことは,身長と体重との相関係数が0.406ということから,予想されていたことである(例題1参照).)事実,回帰式のまわりの標準偏差は,(13)式より$s_{y\cdot x}=4.59$(kg)であり,かなり大きい.したがって,大学生の身長を測定し,(12)式を用いて体重を予測しても,実際の値とのズレがかなり大きいであろう.このことは,大学生の体重を身長だけで説明するのは無理であることをわれわれに教えてくれる(これについては§4の例題5を参照).

例題4 表6は,1966年から1980年までの15年間の国民可処分所得(単位1000億円),百貨店販売額(単位10億円)および民間最終消費支出のデフレータ(1975年を100とする指数)を示したものである.データはいずれも歴年でとってある.これから,国民可処分

表6

年	国民可処分所得 (単位 1000 億円)	百貨店販売額 (単位 10 億円)	民間最終消費支出のデ フレータ(1975=100)
1966	322.8	1043.2	47.5
1967	381.3	1198.1	49.8
1968	447.8	1397.8	52.6
1969	524.1	1650.5	55.0
1970	633.1	1986.6	59.2
1971	691.6	2287.0	63.1
1972	797.2	2669.0	66.5
1973	981.9	3375.5	73.4
1974	1158.0	4058.9	89.3
1975	1278.3	4488.0	99.9
1976	1444.0	4872.6	108.7
1977	1588.4	5174.9	116.6
1978	1746.4	5547.8	122.0
1979	1887.7	5959.0	126.2
1980	2029.1	6501.3	135.0

所得と百貨店販売額との関係を調べてみよう．

解説 国民可処分所得が原因で，百貨店販売額が結果であるとみることができるので，国民可処分所得を変数 x で表わし，百貨店販売額を変数 y で表わす．変数をこのようにとっておいたほうが，あとで回帰式を求めるときに便利である．国民可処分所得も百貨店販売額も消費支出に関係する金額であるので，両者の相対的な関係をみるのであれば，民間最終消費支出のデフレータを用いて，実質金額に修正をする必要はない(したがって，デフレータのデータはいまの問題では不必要であり，無視しておいてよい)．

x と y との散布図を書くと図8のようになる．x と y との間にはかなり強い直線的関係があり，y は x の1次式で表わせそうである．ではその1次式はどうなるか．それには x に対する y の回帰式を求めてやればよい．

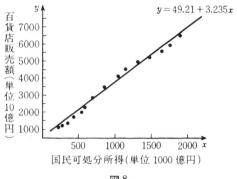

図 8

回帰式を求めるための補助表として表 7 を作成する.

表 7 より

$$\bar{x} = \frac{15911.7}{15} = 1060.78$$

表 7

x_i	y_i	$x_i{}^2$	$y_i{}^2$	$x_i y_i$
322.8	1043.2	104199.84	1088266.24	336744.96
381.3	1198.1	145389.69	1435443.61	456835.53
447.8	1397.8	200524.84	1953844.84	625934.84
524.1	1650.5	274680.81	2724150.25	865027.05
633.1	1986.6	400815.61	3946579.56	1257716.46
691.6	2287.0	478310.56	5230369.00	1581689.20
797.2	2669.0	635527.84	7123561.00	2127726.80
981.9	3375.5	964127.61	11394000.25	3314403.45
1158.0	4058.9	1340964.00	16474669.21	4700206.20
1278.3	4488.0	1634050.89	20142144.00	5737010.40
1444.0	4872.6	2085136.00	23742230.76	7036034.40
1588.4	5174.9	2523014.56	26779590.01	8219811.16
1746.4	5547.8	3049912.96	30778084.84	9688677.92
1887.7	5959.0	3563411.29	35509681.00	11248804.30
2029.1	6501.3	4117246.81	42266901.69	13191787.83
計 15911.7	52210.2	21517313.31	230589516.26	70388410.50

§3 直線回帰

$$\bar{y} = \frac{52210.2}{15} = 3480.68$$

$$S(x,x) = \sum_i^n x_i^2 - \frac{\left(\sum_i^n x_i\right)^2}{n} = 21517313.31 - \frac{(15911.7)^2}{15}$$
$$= 4638500.18$$

$$S(y,y) = \sum_i^n y_i^2 - \frac{\left(\sum_i^n y_i\right)^2}{n} = 230589516.26 - \frac{(52210.2)^2}{15}$$
$$= 48862517.32$$

$$S(x,y) = \sum_i^n x_i y_i - \frac{\left(\sum_i^n x_i\right)\left(\sum_i^n y_i\right)}{n}$$
$$= 70388410.50 - \frac{(15911.7)(52210.2)}{15} = 15004874.54$$

が得られる. よって, (4)式より

$$b = \frac{S(x,y)}{S(x,x)} = \frac{15004874.54}{4638500.18} = 3.23485$$

$$a = \bar{y} - b\bar{x} = 3480.68 - 3.23485 \times 1060.78 = 49.21$$

であるから, x に対する y の回帰式は, (6)式より

$$y = 49.21 + 3.235x \qquad (14)$$

となる. 図8の散布図の上に, この回帰式を図示した.

各年度における国民可処分所得(x_i), 百貨店販売額(y_i)と, 回帰式(14)式より求めた百貨店販売額$(\hat{y}_i)$, それに $y_i - \hat{y}_i$, $(y_i - \hat{y}_i)^2$ の値を表8に与える. y_i と $\hat{y}_i$ とを比較してみることが大切である.

残差平方和は, 表8より

$$S_E = \sum_i^n (y_i - \hat{y}_i)^2 = 323927.01$$

であるから, 回帰式のまわりの標準偏差は

表 8

年	x_i	y_i	$\hat{y}_i$	$y_i-\hat{y}_i$	$(y_i-\hat{y}_i)^2$
1966	322.8	1043.2	1093.42	−50.22	2522.24
1967	381.3	1198.1	1282.66	−84.56	7150.54
1968	447.8	1397.8	1497.78	−99.98	9995.74
1969	524.1	1650.5	1744.60	−94.10	8854.46
1970	633.1	1986.6	2097.20	−110.60	12231.76
1971	691.6	2287.0	2286.44	0.56	0.32
1972	797.2	2669.0	2628.04	40.96	1677.97
1973	981.9	3375.5	3225.51	149.99	22495.60
1974	1158.0	4058.9	3795.17	263.73	69552.15
1975	1278.3	4488.0	4184.33	303.67	92218.13
1976	1444.0	4872.6	4720.34	152.26	23182.79
1977	1588.4	5174.9	5187.45	−12.55	157.61
1978	1746.4	5547.8	5698.56	−150.76	22728.92
1979	1887.7	5959.0	6155.65	−196.65	38669.70
1980	2029.1	6501.3	6613.05	−111.75	12489.09
計				0.00	323927.01

$$s_{y \cdot x} = \sqrt{\frac{1}{n-1}S_E} = \sqrt{\frac{323927.01}{14}} = 152.11 \qquad (15)$$

となる.

ここで求めた回帰式(14)式は，将来の百貨店販売額の予測に利用することができる．もし，1983年の国民可処分所得が 2,500,000 億円と予想されているならば，この年の百貨店販売額はいくらと予測されるであろうか．

それには，(14)式に $x=2500$ を代入すればよい(変数 x, y の単位に注意すること)．

$$y = 49.21 + 3.235 \times 2500 = 8136.71 \quad （単位 10 億円）$$

であるから，1983年の百貨店販売額は 81367.1 億円と予測される．

また，第2章§3で述べた標準偏差の実用的な意味づけにもとづ

いて，次のような推論をすることもできる：この回帰式のまわりの標準偏差は，(15)式より $s_{y\cdot x}=152.11$ (単位10億円)であるから，予測値のまわりに標準偏差の2倍をとると

$$81367.1 \pm 2 \times 1521.1 (億円) = (78324.9, 84409.3)$$

となる．したがって，1983年の百貨店販売額は，確率95%で78324.9億円から84409.3億円の間であると予測することもできる．──

最後に，回帰式を利用する際の重要な注意を1つ与えておく．
得られた回帰式

$$y = a+bx \qquad (16)$$

は，どこまでも，それを求めるのに使われた変数 x の範囲──(S(最小値), L(最大値))としておく──に対してのみ意味をもつものである．これは当然のことで，(S,L) 外の x に対しては，y を観測していないので y はどうなるか全然わからないからである．

したがって，(16)式により x から y を予測しようとする場合，その x は (S,L) の範囲内に限るべきである．(S,L) 内の x に対して，回帰式を用いて y を予測することを**補間**とよぶ．しかしながら，実際の応用の場面では，例題4で1983年の百貨店の販売高を予測したように，回帰式を (S,L) 外の x に対して使うことが多い．このように，(S,L) 外の x に対して回帰式を用いて y を予測することを**補外**という．補外は，x が (S,L) 内にあるときの y の挙動が (S,L) 外でも同じである，という前提のもとに行なわれるのである．したがって補外を行なう場合には，この前提条件を十分に吟味しておかなければならない．

§4 重回帰

前節で求めた x に対する y の回帰直線は，変数 x でもって y を

説明する式，または y を予測する式である．これをもっと一般的にし，2つ以上の変数，例えば x, z でもって変数 y を説明する式

$$y = a + bx + cz \tag{1}$$

を求めることもできる．この式は，**x, z に対する y の回帰式**とよばれ，x, z は説明変数とよばれる．

説明変数を1個だけとりあげて回帰式を求める問題は**単回帰**，説明変数を2つ以上とりあげて回帰式を求める問題は**重回帰**とよばれる．しかし現在では，両者を区別しないで，単に**回帰分析**とよぶことが多い．

(1)式における係数 a, b, c は最小2乗法で求められるが，重回帰の場合には計算が複雑であるので，電子計算機を利用するほうが経済的であるし，間違いもない．

本節では，重回帰で出てくる重要な述語・性質などを証明なしに与えておく．

説明変数が1つの場合と同じように，残差平方和 S_E，回帰式のまわりの標準偏差 $s_{y \cdot xz}$ が定義され，$s_{y \cdot xz}$ でもって回帰式のフィットの度合をはかることができる．ほかに，回帰式(1)のフィットの度合をはかる尺度として**重相関係数**（R で表わす）があり，それは

$$R = \sqrt{1 - \frac{S_E}{\sum_{i}^{n}(y_i - \bar{y})^2}}$$

として定義される．R は，$0 \leqq R \leqq 1$ であり，R が1に近いほど回帰式のフィットはよい．また，$R^2 \times 100 (\%)$ は**寄与率**または**決定係数**とよばれ，y の変動のうち，説明変数 x, z の1次式で何パーセント説明されるかを表わす数値となる．

例題5 例題3において，大学生の体重 $y(\mathrm{kg})$ を身長 $x(\mathrm{cm})$ でもって説明する回帰式を作ったが，そのフィットはあまりよくなか

表9 大学生の身長，胸囲，体重

No.	身長(cm)	胸囲(cm)	体重(kg)	No.	身長(cm)	胸囲(cm)	体重(kg)
1	162.3	81.1	52.2	14	165.4	84.5	55.5
2	169.3	90.2	64.0	15	161.0	84.4	56.2
3	160.3	88.0	52.2	16	165.7	83.0	55.4
4	168.2	91.4	66.9	17	172.8	86.4	57.0
5	168.8	82.0	62.2	18	180.0	88.5	60.2
6	165.8	90.0	62.2	19	168.6	96.0	63.4
7	164.4	86.6	58.7	20	163.8	88.4	58.5
8	164.9	93.0	63.5	21	166.7	81.0	52.5
9	175.0	95.4	66.6	22	162.7	86.5	56.8
10	172.0	91.1	64.0	23	172.4	81.1	52.6
11	155.0	90.0	57.0	24	177.8	88.3	63.9
12	172.3	91.5	69.0	25	168.8	80.0	54.0
13	176.4	87.0	56.9				

った．したがって，こんどは，身長 x(cm) と胸囲 z(cm) でもって体重 y(kg) を説明する式，つまり x, z に対する y の回帰式を求め，そのフィットの状態を調べてみよう．

例題3における25人の大学生(表1)の胸囲を含めたデータは表9のようになっている．

解説 電子計算機を利用して計算を行なった．x, z に対する y の回帰式は

$$y = -53.5158 + 0.2496x + 0.8104z \qquad (2)$$

となる．x, z の各値 x_i, z_i に対する実際の y の値 y_i，回帰式で計算される y の値 $\hat{y}_i$，さらに残差 $y_i - \hat{y}_i$，残差の2乗 $(y_i - \hat{y}_i)^2$ を表10に示す．この結果を，説明変数として身長だけを用いた場合の表5のそれと比較してみよ．表10の場合，y_i と $\hat{y}_i$ とが表5のそれよりかなり近いことがわかるであろう．胸囲という説明変数を1個増やしたことにより，回帰式のフィットがぐんとよくなっている．

残差平方和は，表10より

$$S_E = \sum_i^n (y_i - \hat{y}_i)^2 = 195.36$$

であるから，回帰式(2)のまわりの標準偏差は

表 10

x_i	z_i	y_i	$\hat{y}_i$	$y_i - \hat{y}_i$	$(y_i - \hat{y}_i)^2$
162.3	81.1	52.2	52.72	-0.52	0.27
169.3	90.2	64.0	61.84	2.16	4.67
160.3	88.0	52.2	57.81	-5.61	31.48
168.2	91.4	66.9	62.54	4.36	19.03
168.8	82.0	62.2	55.07	7.13	50.84
165.8	90.0	62.2	60.80	1.40	1.95
164.4	86.6	58.7	57.70	1.00	1.00
164.9	93.0	63.5	63.01	0.49	0.24
175.0	95.4	66.6	67.48	-0.88	0.77
172.0	91.1	64.0	63.24	0.76	0.57
155.0	90.0	57.0	58.11	-1.11	1.23
172.3	91.5	69.0	63.64	5.36	28.71
176.4	87.0	56.9	61.02	-4.12	16.96
165.4	84.5	55.5	56.25	-0.75	0.56
161.0	84.4	56.2	55.07	1.13	1.28
165.7	83.0	55.4	55.11	0.29	0.09
172.8	86.4	57.0	59.63	-2.63	6.94
180.0	88.5	60.2	63.13	-2.93	8.60
168.6	96.0	63.4	66.37	-2.97	8.79
163.8	88.4	58.5	59.01	-0.51	0.26
166.7	81.0	52.5	53.73	-1.23	1.53
162.7	86.5	56.8	57.19	-0.39	0.16
172.4	81.1	52.6	55.24	-2.64	6.96
177.8	88.3	63.9	62.42	1.48	2.19
168.8	80.0	54.0	53.45	0.55	0.30
計				-0.17 (注4)	195.36

注4 $\sum_i^n (y_i - \hat{y}_i)$ の値は理論的には 0 になるべきものである．いまの例では，四捨五入の誤差のために 0 になっていない．

§4 重 回 帰

$$s_{y \cdot xz} = \sqrt{\dfrac{S_E}{n-1}} = \sqrt{\dfrac{195.36}{24}} = 2.85$$

となり,例題 3 の場合よりもかなり小さくなっている[注5].

重相関係数は

$$R = 0.82298$$

であり,回帰式(2)の寄与率は $R^2 \times 100 = 67.73(\%)$ である.例題3では説明変数として x だけを用いた回帰式を求めたが,これの寄与率は x と y との相関係数の 2 乗である(41 ページ参照).x と y との相関係数は $r = 0.406$ であるから(例題 1 参照),例題 3 で求めた回帰式(§3 の(12)式)の寄与率は $r^2 \times 100 = 16.48(\%)$ である.したがって,胸囲という説明変数を 1 個増やしたことにより,寄与率が 16% から 68% になった,という解釈をすることができる.

注5 注3と全く同じ理由により,説明変数が2つの場合は,回帰式のまわりの標準偏差は,$s_{y \cdot xz} = \sqrt{\dfrac{1}{n-3} S_E}$ として定義するほうが理論的にはよい.しかしここでは,$(n-3)$ で割らずに $(n-1)$ で割ったものを使った.

例題6 例題 5 では,大学生の体重(y kg)を身長(x cm)と胸囲(z cm)で説明する回帰式を作ったが,説明変数として座高(w cm)をさらに加えた回帰式を作ってみよう(25 人の座高のデータは巻末付録の統計資料 I から得られる).

解説 電子計算機を利用して計算を行なった.x, z, w に対する y の回帰式は

$$y = -65.9888 + 0.0654x + 0.8288z + 0.4617w \qquad (3)$$

となる.残差平方和は

$$S_E = 183.47$$

であり,重相関係数は

$$R = 0.83483$$

となる.これらの数値を例題5のそれと比較してみよ.説明変数を1個増やしているので,回帰式((3)式)のフィットは例題5の回帰式((2)式)よりも確かによくなっている.しかしながら,そのフィットのよくなり方の程度はほんのわずかである.このことは,大学生の体重を説明(または予測)するのに,身長と胸囲があれば座高は不要であることを示している.——

例題3,5,6を通してわかるように,回帰分析では,説明変数を増やしていくと回帰式のフィットは順次よくなっていく.この面からすると,説明変数をたくさんとりあげて回帰式を作ればよいということになる.しかし実は,説明変数が多い回帰式はよくない.その理由は次のように説明できる:説明変数を増やしていくと回帰式のフィットがよくなるというのは,回帰式を作るために今手許にあるデータに対してのことである.しかし,回帰式の応用は他の新しいデータに対してなされ,それのフィットが問題なのである.他の新しいデータへのフィットを考えると,説明変数が多いのはよくないというのである.

例えば,前の例題では,求めた回帰式((3)式)を大学生の体重の推定(または予測)に使うことができる.体重計がない場合,身長,胸囲,座高を測定し,この回帰式の x, z, w にこれらの数値を代入することにより,体重(y)の推定が可能である.この場合,説明変数を多くとり入れた回帰式は,たくさんの変数の測定または予測を必要とする点において実用的ではないし,また回帰式自体も複雑なものとなり,推定の精度もかえって悪くなる.

このことから回帰分析では,数多く考えられる説明変数の中から,どのようにして有効な説明変数を選び出すか,という重要な問題がある.

練習問題 3

1. 下表は，昭和 51 年度における府県別の人口と建設工事施工高を示したものである（東京都と大阪府は除外した残りの府県から適当に選んだ）．人口を x（単位：1000 人），施工高を y（単位：億円）とし，次の問に答えよ．

(i) x と y との散布図を書き，x と y との関係を考察せよ．
(ii) x と y との相関係数を計算せよ．
(iii) x に対する y の回帰式と，回帰式のまわりの標準偏差を求めよ．
(iv) 昭和 51 年度における山口県の人口は 156.6 万人である．この年度における山口県の建設工事施工高はいくらと推定されるか．

府県	人口 (単位：1000人)	施工高 (単位：億円)	府県	人口 (単位：1000人)	施工高 (単位：億円)
北海道	5394	20084	愛　知	5989	18271
宮　城	1982	5144	京　都	2452	5010
秋　田	1238	2736	和歌山	1078	2373
茨　城	2378	3929	鳥　取	586	1455
群　馬	1776	4306	広　島	2671	7065
埼　玉	4962	5443	香　川	971	2813
新　潟	2405	8304	高　知	814	1904
福　井	780	2426	福　岡	4359	12427
長　野	2032	6123	大　分	1200	2836
静　岡	3340	8551			

2. 下表は，製菓・パン業界の 14 の会社における，ある年度の宣伝広告費と売上高を示したものである（14 の会社は適当に選んだ）．宣伝広告費を x（単位：1000 万円），売上高を y（単位：1000 万円）とし，次の問に答えよ．

(i) x と y との散布図を書き，x と y との関係を考察せよ．
(ii) x と y との相関係数を計算せよ．
(iii) x に対する y の回帰式と，回帰式のまわりの標準偏差を求めよ．

会社 No.	宣伝広告費 (単位：1000万円)	売上高 (単位：1000万円)	会社 No.	宣伝広告費 (単位：1000万円)	売上高 (単位：1000万円)
1	428	10201	8	29	1632
2	435	16571	9	378	10372
3	42	2725	10	61	1583
4	7	450	11	52	3897
5	672	10102	12	33	898
6	5	1412	13	36	1513
7	313	5656	14	37	2736

第4章
確率変数と分布

標本から母集団への推測——統計的推測——においては，確率変数・確率分布を数学的道具として用いる．一方，確率変数・確率分布の概念は，現在では，自然科学・社会科学のいろんな分野で広く用いられるようになりつつある．

したがって本章では，統計的推測に限らないで，少し広い立場から確率変数・確率分布について解説をする．

§1 確率変数と確率分布

われわれは，"結果が一定ではなくていろいろな値をとる"という現象をたくさん知っている．このような現象をよく観察してみると，現象の結果はいろいろな値をとるが，とる値には1つの規則性がある，という場合が多い．例えば，サイコロを投げるという実験では，実験の結果は 1, 2, 3, 4, 5, 6 のいろいろな値をとるが，公平なサイコロであれば，おのおのの値をとる割合は $\frac{1}{6}$ である．

このような現象を数学的に把握するための手段として確率変数という概念を導入する．いろいろな値をとるが，とる値の確率が決っている，あるいはとる値を全体的に見れば1つの規則性がある，というような変数を**確率変数**という．そのとる値の確率あるいはとる値の規則性を表わしたものを，この確率変数の**確率分布**または単に**分布**という．確率変数のことを**変量**とよぶこともある．

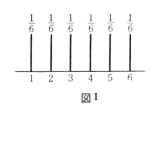

表1

とる値	確率
1	1/6
2	1/6
3	1/6
4	1/6
5	1/6
6	1/6

図1

サイコロを投げたときに出る目を x としたとき, x は確率変数であり, x の確率分布は表1, または図1のようになる.

確率変数の例をいくつかあげよう.

例1 宝くじを1枚買って得られる賞金.

1枚300円の宝くじを買って得られる賞金は, 1等の3000万円かも知れないし, 7等の300円かも知れないし, はずれの0円であるかも知れない. いずれにせよ, 賞金は0円から3000万円までのいろいろな値をとる. しかしながら, 得られる賞金金額の確率はちゃんと定まっている(例題1を参照).

例2 良品900個, 不良品100個からなる製品のロットから, ランダムに20個の製品を取り出したとき, その中に含まれている不良品の個数.

ロットの不良率は10%であるが, ロットから20個を取り出したとき, その中に含まれる不良品の個数はその10%に相当する2個というわけではない. 不良品の個数は, 取り出すたびごとに毎回変動し, 0個の場合もあれば, 1個の場合もあり, …, 20個の場合もある. ところが, 初等確率論より, 不良品の個数が0である確率, 1である確率, 2である確率, …は定まっている.

例3 ビール工場で生産されるビール1瓶中の内容量. 一般には, 一定の生産条件で生産される製品の品質特性.

瓶詰工程で瓶詰されるビールの内容量はすべて同じというわけにはいかない．当然，瓶ごとにばらついている．しかしながら，内容量を全体的に見れば1つの規則性があるであろう．したがって1瓶中の内容量は確率変数とみなされる．

例4 東京都内で1日当り交通事故で死ぬ人の数．

交通事故による1日当りの死亡者数は，0人，1人，2人，…と，日によって変動をしている．しかし，死亡者が0人である割合，1人である割合，2人である割合，…はほぼ決っているであろう．したがって，1日当りの交通事故による死亡者数を確率変数とみることができる(例題6参照)．

確率分布の表現法としては，次に定義する累積分布関数が一般的である．確率変数 x に対して，x が a 以下の値をとる確率，つまり

$$\Pr\{x \leq a\} = F(a) \tag{1}$$

として $F(a)$ を定義し，a にいろいろな値を与えて得られる関数 $F(x)$ を，x の**累積分布関数**とよぶ．$F(x)$ は，確率変数が x 以下の値をとる確率である．(1)式における Pr は確率を表わす記号であり，以後たびたび用いる．

1例として，サイコロを投げたときに出る目を x とするとき，確率変数 x の累積分布関数を求めてみよう．

$$F(-1.2) = 0, \quad F(0.5) = 0, \quad F(1) = \frac{1}{6}$$

$$F(1.3) = \frac{1}{6}, \quad F(2) = \frac{2}{6}, \quad F(2.8) = \frac{2}{6},$$

$$F(3) = \frac{3}{6}, \quad \cdots\cdots\cdots\cdots, \quad F(8) = 1$$

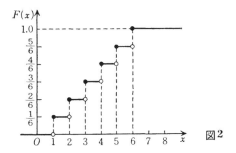

図2

などであるから,x の累積分布関数は図2のようになる.

定義から明らかなように,累積分布関数には次の性質がある:

(i) $F(-\infty) = 0$, $F(\infty) = 1$

(ii) $a < b$ ならば $F(a) \leqq F(b)$

(iii) $\lim_{h \to +0} F(a+h) = F(a)$

つまり,$F(x)$ は0から1への単調増加な関数である.

確率変数はとる値の性質によって2つの種類に分けられる.とる値がとびとびの値であるとき,その確率変数は**離散型**であるという.この場合,とる値の個数は有限個または可算個である.一方,連続的な値をとるとき,その確率変数は**連続型**であるという.離散型確率変数の分布を**離散分布**,連続型確率変数の分布を**連続分布**という.

前述の4つの例でいうと,例1,例2,例4は離散型,例3は連続型の確率変数である.

§2 離散分布の表わし方と特性量

離散分布を表わすには,表2のように,とる値 x_i と,x_i という値をとる確率 $p(x_i)$ を表示してやればよい.一般に,x という値をとる確率を $p(x)$ で表わすと,分布の性質より

(i) $p(x) \geqq 0$

(ii) $\sum_{x} p(x) = 1$

表2 離散分布の表現

とる値	確率
x_1	$p(x_1)$
x_2	$p(x_2)$
x_i	$p(x_i)$
⋮	⋮

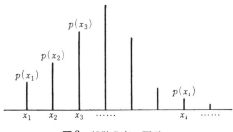

図3 離散分布の図示

である．$p(x)$ は**確率関数**とよばれる．つまり，離散分布は確率関数 $p(x)$ でもって表現する．離散分布を'図'で表わすには，図3のように，とる値のところに，その値をとる確率に比例した棒を立てる．

分布の表わし方に累積分布関数があることは前節で述べた．これは，理論的には便利であるが，実際的には分かりにくい表わし方であるのであまり使われない．1例として，図1と図2を比べてみよ．サイコロをふったときに出る目(x)という確率変数の分布を，確率関数で表わしたものが図1であり，累積分布関数で表わしたものが図2である．図1のほうがずっと分かりやすいであろう．

次に確率分布または確率変数の特徴を表わすいくつかの量を定義しよう．確率変数を x とし，それの確率関数を $p(x)$ とする．

まず，確率変数 x が，"平均的にはどんな値をとるか"というものを表わす量として，確率変数 x の**期待値**または**平均値** $E(x)$，を次式で定義する．

$$E(x) = \sum_x x \cdot p(x) \qquad (1)$$

$E(x)$ は，x の分布の中心的位置を表わしているとも考えられるので，$E(x)$ を x の**分布の平均**ともいう．

次に，確率変数 x が，"平均値のまわりにどれぐらいばらついた

値をとるか"ということを表わす量，つまり確率変数 x のとる値のばらつき具合を表わす尺度として，x の**分散** $V(x)$，を次式で定義する．

$$V(x) = \sum_x (x-E(x))^2 \cdot p(x) \tag{2}$$

$V(x)$ は，x の分布のばらつき具合を表わす尺度とも考えられるから，$V(x)$ を x の**分布の分散**ともいう．

$V(x)$ は単位(ディメンジョン)が2乗になっているので，これをもとの単位にもどすために，これの正の平方根をとる．

$$D(x) = \sqrt{V(x)} \tag{3}$$

とおき，$D(x)$ を，確率変数 x の**標準偏差**または x の**分布の標準偏差**とよぶ．

分散の計算には，定義式(2)の2乗を展開して得られる式

$$V(x) = \sum_x x^2 \cdot p(x) - (E(x))^2 \tag{4}$$

が使われることが多い．

例題1 第174回全国自治宝くじ(1枚：300円，抽せん日：昭和56年12月31日)の賞金額は，表3のようにくじの裏面に記載されている．

この宝くじを1枚買って得られる賞金を確率変数 x とするとき，x の期待値と標準偏差を計算してみよう．

解説 確率変数 x のとる値とその確率 $p(x)$ は表4の第1列と第2列のようになる．これから，第3列と第4列を計算する．x の期待値は，(1)式より

$$E(x) = \sum_x x \cdot p(x) = 139.52 \quad (円)$$

となる．1枚を300円で買って期待できる金額は約140円である．したがって宝くじは，期待値だけを考えると買う気になれるものではない．

表3

この宝くじは，100,000番から199,999番までの10万通を1組として01組から100組までの1,000万通(30億円)を1ユニットとし，ユニットごとに順次売り出し，抽せんによって次の当せん金をつけます．

等　級	当せん金	本　数
1　　　等	30,000,000 円	10 本
1等の前後賞	5,000,000 円	20 本
1等の組違い賞	200,000 円	90 本
2　　　等	10,000,000 円	10 本
2等の組違い賞	80,000 円	90 本
3　　　等	1,000,000 円	100 本
4　　　等	100,000 円	1,000 本
5　　　等	10,000 円	2,000 本
6　　　等	5,000 円	10,000 本
7　　　等	300 円	2,000,000 本

〔上記は1ユニット(1,000万通)当りの当せん金です〕

表4

金額(単位 円)(x)	確率($p(x)$)	$x \cdot p(x)$	$x^2 \cdot p(x)$
30,000,000	10/10,000,000	30	900,000,000
5,000,000	20/10,000,000	10	50,000,000
200,000	90/10,000,000	1.8	360,000
10,000,000	10/10,000,000	10	100,000,000
80,000	90/10,000,000	0.72	57,600
1,000,000	100/10,000,000	10	10,000,000
100,000	1,000/10,000,000	10	1,000,000
10,000	2,000/10,000,000	2	20,000
5,000	10,000/10,000,000	5	25,000
300	2,000,000/10,000,000	60	18,000
0	7,986,680/10,000,000	0	0
計	1	139.52	1,061,480,600

x の分散は，(4)式を用いて
$$V(x) = \sum_x x^2 \cdot p(x) - (E(x))^2$$
$$= 1{,}061{,}480{,}600 - (139.52)^2$$
$$\fallingdotseq 106{,}146.11 \times 10^4$$

よって x の標準偏差は
$$D(x) = \sqrt{V(x)} = \sqrt{106{,}146.11 \times 10^4} \fallingdotseq 32{,}580 \quad (円)$$

となる．

最近の宝くじは1等賞金の金額が大きくなりつつあるため，賞金

表5 サイコロ投げの実験(○印は

回数	1 2 3 4 5	6 7 8 9 10	11 12 13 14 15	16 17 18 19 20
1	○　　○	○○	○	
2		○○○		○
3	○　○	○	○	
4		○○　○		
5	○		○	○　　　○
6		○		○
7		○	○○　○	
8	○	○　○	○○	
9	○	○　○		
10				○
11	○	○		○　　　○
12		○	○	○　　　○
13			○　　○	○
14	○			○○
15	○	○○○		
16	○	○	○	
17	○○		○	
18	○		○	
19	○	○		
20		○		○

表の見方：回数は上から下に読み，順に右に移る．例えば，28回

の期待値は同じでも，標準偏差は大きくなる傾向にある．

§3 ベルヌーイ試行

各試行の結果は2つ——これを'成功','失敗'で表わす——のいずれかであって，成功する確率が各試行に対して一定であるような試行を**ベルヌーイ試行**とよび，その試行結果の系列をベルヌーイ試行列という．

ベルヌーイ試行において，成功を記号 S, 失敗を記号 F で表わ

1の目の出たことを表わす）

21 22 23 24 25	26 27 28 29 30	31 32 33 34 35	36 37 38 39 40

目(2列目上から8番目)に1が出ている．

せば，ベルヌーイ試行の系列は S と F の記号の列，例えば
$$SFFSFFFSS\cdots$$
で表わされる．もし成功の確率が p，失敗の確率が $q(p+q=1)$ であるならば，上のベルヌーイ試行列の現われる確率は
$$p \cdot q \cdot q \cdot p \cdot q \cdot q \cdot q \cdot p \cdot p \cdots$$
となる．

例題2 1つのサイコロを繰り返し投げて出る目を考察する実験で例えば1の目の出ることに着目すると，この実験はベルヌーイ試行となる．それは，1の目が出ることを'成功'，それ以外の目の出ることを'失敗'とみなせばよく，また1の目の出る確率は各実験に対して一定であるからである．

実際にサイコロを800回投げたところ，表5のデータが得られた．これをベルヌーイ試行列として表現すると
$$SFSFFFFFFFFFFFFFFFSF\cdots$$
ということになる．

800回のうち，1が130回出ており，その割合は $\frac{130}{800} \fallingdotseq 0.163$ であり，理論値 $\frac{1}{6} \fallingdotseq 0.167$ にかなり近い．

§4 幾何分布

ベルヌーイ試行において，成功したあと，次の成功までの試行回数を x とおくと，x は確率変数である．この x の分布を**幾何分布**という．成功の確率を p とすると，幾何分布の確率関数は
$$p(x) = p \cdot (1-p)^{x-1}, \quad x = 1, 2, \cdots \tag{1}$$
となる．$\sum_{x=1}^{\infty} p(x) = 1$ であることは
$$\sum_{x=1}^{\infty} p \cdot (1-p)^{x-1} = p + p \cdot (1-p) + p \cdot (1-p)^2 + \cdots = \frac{p}{1-(1-p)} = 1$$

§4 幾何分布

よりわかる.

$p=0.2$ の場合の幾何分布は，(1)式に p の値を代入し，計算したものが表6または図4である．これからわかるように，幾何分布は p の値を変えることにより，その分布の形はいろいろ変わる．この場合の p のように，分布の形を定めるために指定してやらなければいけない定数を分布の**母数**(パラメーター)とよぶ．(1)式で与えられる幾何分布を記号 $G(p)$ で表わす．

表6　$G(0.2)$

x	$p(x)$	x	$p(x)$
1	0.2000	8	0.0419
2	0.1600	9	0.0336
3	0.1280	10	0.0268
4	0.1024	11	0.0215
5	0.0819	12	0.0172
6	0.0655	13	0.0137
7	0.0524	⋮	⋮

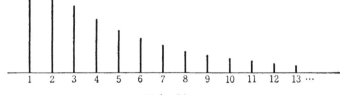

図4　$G(0.2)$

幾何分布 $G(p)$ の平均と標準偏差は

$$E(x) = \frac{1}{p}$$

$$D(x) = \sqrt{\frac{1-p}{p^2}}$$

で与えられる．

例題3 例題2で行なったサイコロ投げの実験において，1の目が出たあと，次に1の目が出るまでの試行回数を x とおくと，幾何分布の定義から，x は幾何分布 $G\left(\dfrac{1}{6}\right)$ にしたがう．$G\left(\dfrac{1}{6}\right)$ の分布は表7，または図5のようになる．

表7　$G\left(\dfrac{1}{6}\right)$

x	$p(x)$	x	$p(x)$
1	0.1667	8	0.0465
2	0.1389	9	0.0388
3	0.1157	10	0.0323
4	0.0965	11	0.0269
5	0.0804	12	0.0224
6	0.0670	13	0.0187
7	0.0558	14 以上	0.0934

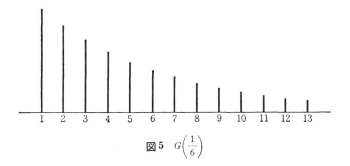

図5　$G\left(\dfrac{1}{6}\right)$

ここで，$x=1$ の確率が最も大きいということ，つまり続いて1の目の出る確率が最も大きい，ということを注意しておく．

さて，x は理論的には幾何分布 $G\left(\dfrac{1}{6}\right)$ であるが，実際のデータがそれに近いかどうかを，表5のデータをもとに調べてみよう．表5において，x の値とその度数，相対度数を調べてみると表8のようになる．表8の相対度数を，表7の幾何分布 $G\left(\dfrac{1}{6}\right)$ の確率と比べてみよう．差異がやや大きいようであるが，これは実験回数が少

表8 $G\left(\dfrac{1}{6}\right)$ の実験分布

x	度数	相対度数	x	度数	相対度数
1	18	0.1395	9	6	0.0465
2	16	0.1240	10	7	0.0543
3	10	0.0775	11	6	0.0465
4	14	0.1085	12	1	0.0078
5	12	0.0930	13	5	0.0388
6	10	0.0775	14 以上	9	0.0698
7	9	0.0698			
8	6	0.0465	計	129	1.0000

ないためであると考えられる．

§5 2項分布

試行の結果は'成功'，'失敗'のいずれかであって，成功する確率が p であるような試行を考える．この試行を n 回独立に行なったとき，n 回のうちの成功の回数を x とおくと，その x は確率変数である．この x の分布を **2項分布** という．初等確率論の計算から，2項分布の確率関数は

$$p(x) = \binom{n}{x} p^x \cdot (1-p)^{n-x}, \quad x = 0, 1, 2, \cdots, n \quad (1)$$

となる．ここで $\binom{n}{x}$ は，相異なる n 個のものから，x 個を選ぶとき，異なった組合せの総数を表わす記号であり，

$$\binom{n}{x} = \frac{n!}{x!(n-x)!} = \frac{n(n-1)\cdots(n-x+1)}{x!} \quad (2)$$

である．ただし，$n!$ は n の階乗であって $n! = n(n-1)\cdots 2 \cdot 1$ である．

言葉を変えていうと，n 回の独立なベルヌーイ試行における成功の回数の分布が2項分布ということになる．

$\sum_x p(x)=1$ であることは,

$$\sum_{x=0}^{n}\binom{n}{x}p^x\cdot(1-p)^{n-x}=(p+(1-p))^n=1$$

よりわかる.

(1)式からわかるように，2項分布の母数は n と p であり，(1)式で与えられるような2項分布を記号 $B(n,p)$ で表わす. $n=10$, $p=0.2$ の場合の2項分布は表9, 図6のようになる.

表9 $B(10, 0.2)$

x	$p(x)$
0	0.107
1	0.268
2	0.302
3	0.201
4	0.088
5	0.026
6	0.006
7	0.001
8	0.000
9	0.000
10	0.000

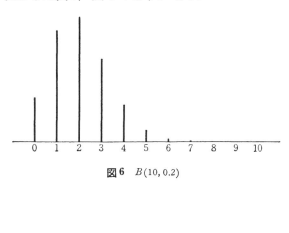

図6 $B(10, 0.2)$

2項分布 $B(n,p)$ の平均と標準偏差は

$$E(x) = np \qquad (3)$$
$$D(x) = \sqrt{np(1-p)} \qquad (4)$$

となる(注1参照).

2項分布 $B(n,p)$ の確率の計算については参考文献[1]の"簡約統計数値表"を利用するとよい. そこには，母数 n, p のいろいろな値の組合せ, $n=2\sim20$, $p=0.02\sim0.50$, に対して2項分布の上側確率 $\sum_{y=x}^{n}\binom{n}{y}p^y(1-p)^{n-y}$ が与えてある. それ以上の n に対しては, $B(n,p)$ の確率は正規分布の確率で近似されるという事実があるの

§5 2項分布

で，正規分布表によって確率を計算する(§9参照).

例題4 サイコロを10回投げたとき，1の目の出る回数 x は，2項分布の定義より，$B\left(10, \dfrac{1}{6}\right)$ となる．したがって x の分布は表10

表10 $B\left(10, \dfrac{1}{6}\right)$

x	$p(x)$
0	0.1615
1	0.3230
2	0.2907
3	0.1550
4	0.0543
5	0.0130
6	0.0022
7	0.0002
8	0.0000
9	0.0000
10	0.0000

表11 $B\left(10, \dfrac{1}{6}\right)$ の実験分布

x	度数	相対度数
0	9	0.1125
1	34	0.4250
2	20	0.2500
3	12	0.1500
4	5	0.0625
5	0	0
6	0	0
7	0	0
8	0	0
9	0	0
10	0	0
計	80	1.0000

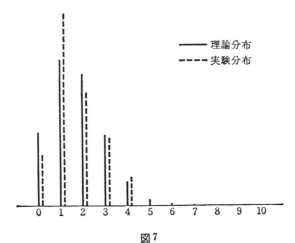

図7

のようになる．

このことを，実際に実験を行なうことにより確かめてみよう．表5の800回のサイコロ投げの実験において，10回ずつ区切り，1の目の出た回数 x を数えてみると表11のようになる．表11の相対度数の欄が確率に相当するものであり，これを，理論分布である表10の確率と比較してみればよい．比較を容易にするため，両者の確率を図示したものが図7である．

例題5 不良率 p の非常に大きいロットから n 個の品物をとり出したとき，その中に含まれる不良品の個数 x は，**近似的に**，2項分布 $B(n,p)$ にしたがうとみなされる．

このことは次の理由による：ロットが非常に大きいので，ロットから1個の品物をとり出したとき，それが不良品である確率は，前回までに不良品が何個出たかに関係なく，毎回，同じ p であると考えられる．したがって，このロットからの品物のとり出しはベルヌーイ試行である．

注1 この章では，分布の平均，標準偏差を，証明なしに結果だけ示していくが，その証明は理解できなくてもよい．ただ，結果はあとで使うことがあるので理解しておいてもらいたい．参考までに，2項分布の平均と標準偏差を示す(3)式と(4)式の証明をしておく．

$$E(x) = \sum_{x=0}^{n} x \cdot \binom{n}{x} p^x \cdot (1-p)^{n-x}$$

$$= \sum_{x=1}^{n} x \cdot \frac{n(n-1)\cdots(n-x+1)}{x!} p^x (1-p)^{n-x}$$

$$= np \sum_{x=1}^{n} \frac{(n-1)\cdots((n-1)-(x-1)+1)}{(x-1)!} p^{x-1} \cdot (1-p)^{(n-1)-(x-1)}$$

ここで $x-1=y$ とおくと

$$= np \sum_{y=0}^{n-1} \frac{(n-1)\cdots((n-1)-y+1)}{y!} p^y \cdot (1-p)^{(n-1)-y}$$

$$= np \sum_{y=0}^{n-1} \binom{n-1}{y} p^y \cdot (1-p)^{(n-1)-y}$$

$$= np[p+(1-p)]^{n-1} = np$$

次に，分散 $V(x)$ を §2 の(4)式を用いて計算する．この際 $x^2 = x(x-1) + x$ という関係式を使う．

$$\sum_{x=0}^{n} x^2 \cdot p(x) = \sum_{x=0}^{n} [x(x-1)+x]p(x)$$

$$= \sum_{x=0}^{n} x(x-1) \frac{n(n-1)\cdots(n-x+1)}{x!} p^x (1-p)^{n-x} + \sum_{x=0}^{n} x \cdot p(x)$$

$$= n(n-1)p^2 \sum_{x=2}^{n} \frac{(n-2)\cdots[(n-2)-(x-2)+1]}{(x-2)!} p^{x-2}(1-p)^{(n-2)-(x-2)}$$

$$+ E(x)$$

ここで $x-2 = y$ とおくと

$$= n(n-1)p^2 \sum_{y=0}^{n-2} \frac{(n-2)\cdots[(n-2)-y+1]}{y!} p^y (1-p)^{(n-2)-y} + E(x)$$

$$= n(n-1)p^2 [p+(1-p)]^{n-2} + np$$

$$= n(n-1)p^2 + np$$

よって，§2 の(4)式より

$$V(x) = n(n-1)p^2 + np - (np)^2 = np(1-p)$$

したがって

$$D(x) = \sqrt{V(x)} = \sqrt{np(1-p)}$$

§6 ポアソン分布

確率関数が

$$p(x) = e^{-\lambda} \frac{\lambda^x}{x!}, \quad x = 0, 1, 2, \cdots \tag{1}$$

で与えられる分布を**ポアソン分布**という．ここで e は自然対数の底である．ポアソン分布では x のとる値の範囲は 0 および自然数全体であることを注意しておく．

$\sum_{x=0}^{\infty} p(x) = 1$ であることは

$$\sum_{x=0}^{\infty} e^{-\lambda} \frac{\lambda^x}{x!} = e^{-\lambda} \sum_{x=0}^{\infty} \frac{\lambda^x}{x!}$$
$$= e^{-\lambda} \cdot e^{\lambda} = 1 \qquad \left(e^{\lambda} \text{の定義から, } e^{\lambda} = \sum_{x=0}^{\infty} \frac{\lambda^x}{x!} \right)$$

として確かめられる.

ポアソン分布の母数は λ ($\lambda > 0$) であり, (1)式で与えられるポアソン分布を記号 $P_0(\lambda)$ で表わす. $\lambda = 2$ のときのポアソン分布は表12, 図8のようになる.

表12 $P_0(2)$

x	$p(x)$
0	0.135
1	0.271
2	0.271
3	0.180
4	0.090
5	0.036
6	0.012
7	0.003
8	0.001
⋮	⋮

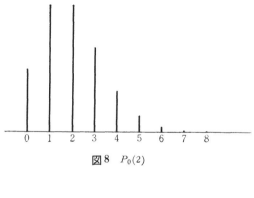

図8 $P_0(2)$

ポアソン分布 $P_0(\lambda)$ の平均と標準偏差は

$$E(x) = \lambda \qquad (2)$$
$$D(x) = \sqrt{\lambda} \qquad (3)$$

である.

これまでとりあげてきた幾何分布や2項分布と違って, ポアソン分布は1つの理論分布である. すなわち2項分布 $B(n, p)$ において, $np = \lambda$ とおき, $n \to \infty$ とするとポアソン分布 $P_0(\lambda)$ が得られる(注2参照). このことから, ポアソン分布は2項分布 $B(n, p)$ において, p が小さく n が大きいときの分布であると考えられる. したがっ

で，まれにしか起こらない現象——稀現象——の起こる回数の分布はポアソン分布に近い，と考えられる．事実，(i) ある都市で1日当り交通事故で死ぬ人の数，(ii) 鉄板の一定面積中にあるキズの個数，(iii) ラジオセット中のハンダ付不良個所の数，などはポアソン分布によくあてはまる．

このほか，窓口に一定の率でお客がランダムに来るとき，一定時間内に到着するお客の数もポアソン分布にしたがうと考えられる（§11，例題 16 参照）．

ポアソン分布 $P_0(\lambda)$ の確率の計算については参考文献 [2] または [3] の統計数値表を利用すればよい．

例題 6 表 13 は，1982 年 1 月 1 日から 6 月 30 日までの期間に東京都内における毎日の交通事故による死亡者数である．このデータをもとに，1 日当りの死亡者数がポアソン分布にしたがうと考えられるかどうかを検討してみよう．

解説 1 日当りの死亡者数を x とおく．この x がポアソン分布にしたがう確率変数とみなせるかどうか，ということである．表 13 で示した毎日の死亡者数のデータは，確率変数 x の観測値であり，この観測値は全部で 181 個ある．よって，x の分布を調べるには，181 個の x の観測値の度数分布表を作ってみればよい．それは表 14 のようになる．問題は，表 14 における相対度数がポアソン分布の確率に近いかどうかということである．

ポアソン分布と比較するためには，まず母数 λ の値を定めてやらなければいけない．(2)式で示したように，母数 λ は分布の平均，つまり x の期待値 $E(x)$ である．よって，x の観測値の平均値 $\bar{x}$ を計算し，この値を λ とするポアソン分布と比較する．

観測されている 1 日当りの死亡者数の平均値，つまり 1 日当りの平均死亡者数 $\bar{x}$ は

表13 交通事故での死亡者数
(東京都内,1982年)

月\日	1月	2月	3月	4月	5月	6月
1	4	2	1	2	0	0
2	1	0	1	2	0	0
3	2	2	5	2	1	0
4	1	0	0	0	2	2
5	1	2	2	0	0	3
6	0	0	1	0	5	1
7	0	3	2	0	1	1
8	1	1	1	1	0	1
9	3	2	2	3	1	2
10	0	2	1	1	0	4
11	1	0	1	3	1	1
12	2	1	0	0	1	3
13	0	3	0	0	2	4
14	1	0	2	2	1	1
15	0	0	2	1	1	4
16	1	0	2	2	0	3
17	1	0	0	1	0	0
18	0	0	4	1	0	1
19	1	0	0	2	1	4
20	3	0	1	1	0	0
21	1	0	1	0	1	2
22	1	1	1	0	0	1
23	0	0	2	0	0	0
24	0	0	2	2	2	1
25	1	2	0	2	1	0
26	0	1	1	0	2	0
27	0	1	1	0	1	1
28	0	0	0	3	1	1
29	1		0	1	1	0
30	4		1	3	1	0
31	3		2		0	

表 14

$x\binom{1日当りの}{死亡者数}$	日数(度数)	相対度数
0	67	0.3702
1	61	0.3370
2	32	0.1768
3	12	0.0663
4	7	0.0387
5	2	0.0110
6以上	0	0
計	181	1.0000

表 15　$P_0(1.10)$

x	$p(x)$
0	0.3329
1	0.3662
2	0.2014
3	0.0738
4	0.0203
5	0.0045
6以上	0.0009
計	1.0000

$$\bar{x} = \frac{0\times 67 + 1\times 61 + 2\times 32 + \cdots + 5\times 2}{181} = \frac{199}{181} \doteqdot 1.10$$

である．したがって，もし x がポアソン分布にしたがうとしたら，それは $\lambda=1.10$ のポアソン分布ということになる．$\lambda=1.10$ のポアソン分布 $P_0(1.10)$ の確率は表 15 のようになる．表 15 の確率と，表 14 の相対度数とを比べ，両者がほぼ同じであれば，1 日当りの死亡者数はポアソン分布にしたがうと考えてよいことになる．

この比較を明瞭に行なう 1 つの方法は日数で比較することである．

表 16

$x\binom{1日当りの}{死亡者数}$	観測日数	ポアソン分布としたときの期待日数
0	67	60.3
1	61	66.3
2	32	36.5
3	12	13.4
4	7	3.7
5	2	0.8
6以上	0	0.2
計	181	181.2

そのために表16を作成した．表16において，第2列は実際に観測された日数であり，第3列はポアソン分布であるとしたときに期待される日数である．第3列の数値は，全観測日数181に $\lambda=1.10$ のポアソン分布の確率を掛けて得られる．例えば，$x=0$ の場合は

$$181 \times 0.3329 \fallingdotseq 60.3$$

として求めた．観測日数と期待日数はかなり良く適合している．したがって，1日当りの死亡者数はポアソン分布にしたがう，とみなしてよいであろう．——

ポアソン分布は，2項分布において n が大きく p が小さい場合の分布であるとみなすことができる，ということを前に述べた．そこで，ポアソン分布が2項分布の近似としてどれぐらいの精度をもっているかを調べてみよう．1例として，2項分布 $B(20, 0.05)$ と，これに対応するポアソン分布 $P_0(1.0)$ に対し，確率の値を表17に与える[注3]．

表17 2項分布とポアソン分布の比較

x	確率 $p(x)$	
	$B(20, 0.05)$ の場合	$P_0(1.0)$ の場合
0	0.3585	0.3679
1	0.3774	0.3679
2	0.1887	0.1839
3	0.0596	0.0613
4	0.0133	0.0153
5	0.0022	0.0031
6	0.0003	0.0005
7	0.0000	0.0001

注2 2項分布 $B(n, p)$ において，$np=\lambda$ とおき，$n\to\infty$ とするとポアソン分布 $P_0(\lambda)$ が得られることの証明．

$$B(n,p) \text{ の確率関数} = \binom{n}{x} p^x \cdot (1-p)^{n-x}$$

$$= \frac{n(n-1)\cdots(n-x+1)}{x!} p^x \cdot (1-p)^{n-x}$$

$$= \frac{(np)^x}{x!}\left(1-\frac{1}{n}\right)\left(1-\frac{2}{n}\right)\cdots\left(1-\frac{x-1}{n}\right)\left(1-\frac{np}{n}\right)^{n-x}$$

ここで $np=\lambda$ とおき $n\to\infty$ とすると,

$$\sim \frac{\lambda^x}{x!}\left(1-\frac{\lambda}{n}\right)^n$$

$$\sim \frac{\lambda^x}{x!}e^{-\lambda} = P_0(\lambda) \text{ の確率関数}$$

(式の変形の最後のところで $\lim\limits_{x\to\pm\infty}\left(1+\dfrac{1}{x}\right)^x = e$ という関係を使った.)

注3 $B(20, 0.05)$ に対応するポアソン分布は

$$\lambda = np = 20 \times 0.05 = 1.0$$

のポアソン分布である.

§7 連続分布の表わし方と特性量

連続的な値をとる確率変数の分布を表わすのには, 離散分布のように, とる値とその値をとる確率を表示する, つまり確率関数 $p(x)$ でもって表わすわけにはいかない. それは, 連続分布の場合にはとる値が連続的であるからである. では, どのようにして表わすのか.

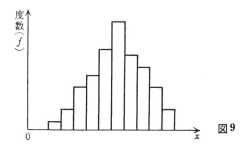

図9

§1 の例 3 のビール工場での例を考えてみよう．ビール工場で生産されるビール 1 瓶中の内容量を x とすると，x は連続型の確率変数である．この工場から生産されたビール $n=100$ 本をランダムに抽出して内容量を測定し，その $n=100$ 個のデータからヒストグラムを作れば図 9 のようになるであろう．

ここで縦軸を各階級の度数 f_i でなく，$\dfrac{f_i}{nh}$（h は階級の幅）で目盛ると，各階級に対応する柱の面積は

$$\frac{f_i}{nh} \times h = \frac{f_i}{n} \quad （相対度数）$$

となり，ヒストグラム全体の面積は 1 となる．ここで n を大きく，h を小さくしてやると，ヒストグラムは図 10 の点線で示すような 1 つの滑らかな曲線に近づくであろう．ビールの内容量 x の分布を，このような曲線で表わす．そうすると，内容量が区間 (c,d) の間にある確率は，曲線の区間 (c,d) 内の面積ということになる．このような曲線を**確率密度関数**とよび，記号 $f(x)$ で表わす．

明らかに，確率密度関数 $f(x)$ は，性質

(i)　$f(x) \geqq 0$

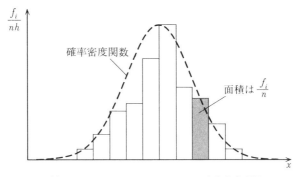

図 10　ヒストグラムの極限としての確率密度関数

§7 連続分布の表わし方と特性量

(ii) $\int_{-\infty}^{\infty} f(x)\,dx = 1$

をもつ．さらに，確率変数 x の確率密度関数を $f(x)$ とすると

$$\Pr\{a < x \leqq b\} = \int_a^b f(x)\,dx \tag{1}$$

である(図11参照)．

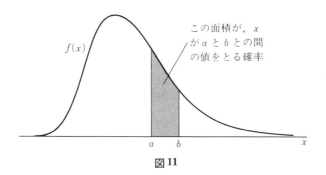

図11

Δx を微小区間とすると，(1)式より

$$\Pr\{a < x \leqq a + \Delta x\} \doteqdot f(a) \cdot \Delta x \tag{2}$$

である．この式を見ると，$f(a)$ は点 $x=a$ における確率密度ともいうべきものになっていることが理解できるであろう．このことから，$f(x)$ を確率密度関数とよんでいるのである．

注4 連続分布では1点の確率は0であるから，

$$\Pr\{a < x \leqq b\}, \quad \Pr\{a < x < b\}, \quad \Pr\{a \leqq x \leqq b\}$$

などはいずれも同じである．したがって連続型確率変数では，事象を表わすとき等号はつけてもつけなくてもよい．

連続分布の表わし方としては，§1で導入した累積分布関数 $F(x)$ と，ここで導入した確率密度関数 $f(x)$ の2通りがあることになったが，この両者の間には

$$F(x) = \int_{-\infty}^{x} f(x)\,dx \tag{3}$$

という関係がある．(3)式の両辺を x で微分すると（もし $f(x)$ が連続ならば），

$$\frac{d}{dx}F(x) = f(x) \qquad (4)$$

が得られる．

連続分布の特性量として，平均，分散，標準偏差を，離散分布の場合と同じような考え方で定義する．確率密度関数 $f(x)$ をもつ確率変数 x に対して，x の期待値（平均値）または x の分布の平均 $E(x)$ を

$$E(x) = \int_{-\infty}^{\infty} x \cdot f(x) dx \qquad (5)$$

として定義し，x の分散または x の分布の分散 $V(x)$ を

$$V(x) = \int_{-\infty}^{\infty} (x - E(x))^2 f(x) dx \qquad (6)$$

として定義する．さらに x の標準偏差または x の分布の標準偏差 $D(x)$ を

$$D(x) = \sqrt{V(x)} \qquad (7)$$

として定義する．

(5)式が §2 の (1) 式，(6) 式が §2 の (2) 式に対応していることは，$\int$ を $\sum$ に，$f(x)dx$ を $p(x)$ でおきかえることにより，容易に理解できよう．分散の計算に関する §2 の (4) 式に対応する式は

$$V(x) = \int_{-\infty}^{\infty} x^2 f(x) dx - (E(x))^2 \qquad (8)$$

である．

§8 正規分布

統計学において最も重要な分布は正規分布である．**正規分布**は連

§8 正規分布

続分布であって,確率密度関数が

$$f(x) = \frac{1}{\sqrt{2\pi}\,\sigma} e^{-\frac{1}{2\sigma^2}(x-\mu)^2}, \quad -\infty < x < \infty \tag{1}$$

で与えられる分布である.ここで,μ, σ は分布の母数であって,$-\infty<\mu<\infty,\ 0<\sigma$ である.この確率密度関数 $f(x)$ の式は覚える必要はないが,後で説明する $f(x)$ のグラフ(図12, 13)はしっかり頭に入れておいてもらいたい.$\int_{-\infty}^{\infty} f(x)dx = 1$ であることは,$\int_{0}^{\infty} e^{-x^2}dx = \frac{\sqrt{\pi}}{2}$ を使えば容易に確かめられる.正規分布は**ガウス分布**とよばれることもある.

正規分布の母数は μ と σ^2(または σ)であるので,(1)式で与えられる正規分布を記号 $N(\mu, \sigma^2)$ で表わす.

正規分布 $N(\mu, \sigma^2)$ の平均と標準偏差は

$$E(x) = \mu \tag{2}$$

$$D(x) = \sigma \tag{3}$$

となる(注5参照).つまり,正規分布 $N(\mu, \sigma^2)$ には2つの母数 μ, σ^2 があるが,μ は分布の平均に,σ^2 は分布の分散(σ は分布の標準偏差)にそれぞれなっている.このことから,$N(\mu, \sigma^2)$ を,平均 μ,分散 σ^2 の正規分布と読むことがある.また,正規分布の母数は平均と分散(または標準偏差)である,ということもできる.

正規分布 $N(\mu, \sigma^2)$ の確率密度関数 $f(x)$ のグラフは,直線 $x=\mu$(平均)に関して左右対称であり,標準偏差 σ が小さいほど分布が立って μ 付近へ集中する.$f(x)$ の値は,x が平均 μ から離れるにつれて上に凸で単調に減少し,ある点(変曲点)から先は下に凸で単調に減少する.実は,σ は平均 μ からこの変曲点までの距離になっている(図12).平均 μ を一定にして,標準偏差 σ の値をいろいろ変えたときの $N(\mu, \sigma^2)$ の確率密度関数 $f(x)$ のグラフを図13に示す.

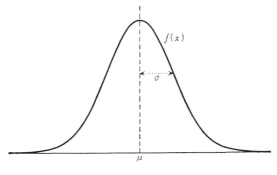

図 12　$N(\mu, \sigma^2)$ の確率密度関数

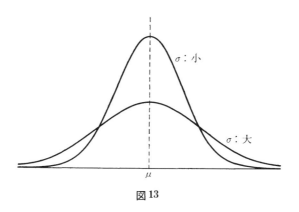

図 13

　いくつかの仮定のもとで，偶然誤差のしたがう分布法則として正規分布 $N(0, \sigma^2)$ が導かれた(ガウスの誤差法則)．一方，われわれはこの法則を経験的に認めることができる．したがって現在では，偶然誤差は正規分布 $N(0, \sigma^2)$ にしたがって分布する確率変数とみなしている．他の理論からも，誤差の分布は正規分布に近いことが示されている．

　正規分布が重要であるのは，'誤差'が正規分布にしたがうという事実があるからである．われわれの身の回りには，或る種の誤差の

§8 正規分布

ためにばらつくといった現象が多い．そうすると，誤差の分布は正規分布であるから，その現象は正規分布にしたがって変動するとみなしてよいことになる．§1の例3でとりあげたビール1瓶中の内容量の場合について説明をしよう．工場では，内容量が一定になるように機械をセットしているが，管理していない部分の変動——誤差——のために，内容量は一定ではなく瓶ごとに異なる．ところが，誤差の分布は正規分布であるから，内容量は正規分布 $N(\mu, \sigma^2)$ にしたがって分布している，と考えられるのである．

注5 正規分布 $N(\mu, \sigma^2)$ の平均と分散の計算．

$$E(x) = \int_{-\infty}^{\infty} x \cdot \frac{1}{\sqrt{2\pi}\sigma} e^{-\frac{1}{2\sigma^2}(x-\mu)^2} dx$$

ここで $\dfrac{x-\mu}{\sigma} = y$ とおくと

$$= \mu \int_{-\infty}^{\infty} \frac{1}{\sqrt{2\pi}} e^{-\frac{1}{2}y^2} dy + \sigma \int_{-\infty}^{\infty} \frac{1}{\sqrt{2\pi}} y \cdot e^{-\frac{1}{2}y^2} dy$$

第1項の積分の値は，被積分関数が $\mu=0$, $\sigma=1$ の正規分布の確率密度関数になっているから1に等しい．したがって

$$E(x) = \mu + \sigma \left[-\frac{1}{\sqrt{2\pi}} e^{-\frac{1}{2}y^2} \right]_{-\infty}^{\infty} = \mu$$

$$V(x) = \int_{-\infty}^{\infty} (x-\mu)^2 \frac{1}{\sqrt{2\pi}\sigma} e^{-\frac{(x-\mu)^2}{2\sigma^2}} dx$$

$$= \sigma^2 \int_{-\infty}^{\infty} y^2 \frac{1}{\sqrt{2\pi}} e^{-\frac{1}{2}y^2} dy \quad \left(\frac{x-\mu}{\sigma} = y \text{ とおいた} \right)$$

$$= \sigma^2 \left\{ \left[\frac{-1}{\sqrt{2\pi}} y e^{-\frac{1}{2}y^2} \right]_{-\infty}^{\infty} + \int_{-\infty}^{\infty} \frac{1}{\sqrt{2\pi}} e^{-\frac{1}{2}y^2} dy \right\} \quad \text{(部分積分)}$$

$$= \sigma^2 (0+1) = \sigma^2$$

平均0，分散1の正規分布 $N(0,1)$ を**標準正規分布**とよぶ．標準正規分布にしたがう確率変数を，本書では，特に記号 u で表わす．

正規分布の確率を求めるための数表は標準正規分布の場合についてのみ用意されている．u を標準正規分布にしたがう確率変数とす

るとき
$$\Pr\{u > K_P\} = P \qquad (4)$$
によって K_P を定義し(図 14 参照),K_P から P を求める表,また逆に P から K_P を求める表を巻末付録の数表に与えている.K_P を**上側 $100P\%$ 点**とよぶ.標準正規分布の対称性を使うと,この表から $N(0,1)$ についてはどんな確率でも計算できる.

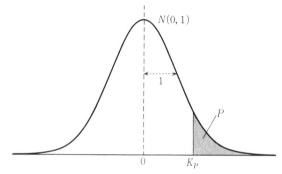

図 14 K_P の定義

例 1 付録の付表 2 を用いて,標準正規分布 $N(0,1)$ の確率を計算してみよう.計算に際しては,$N(0,1)$ の確率密度関数のグラフが 0 に関して左右対称であるということを絶えず使う.

(i)

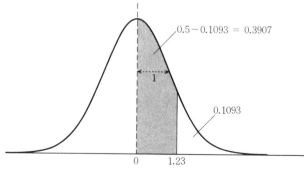

このことを式で書くと

§8 正規分布

$$\Pr\{0<u<1.23\} = 0.3907$$

(ii)

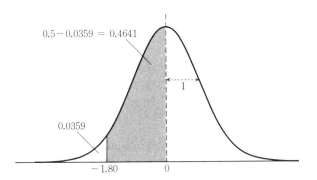

このことを式で書くと

$$\Pr\{-1.80<u<0\} = 0.4641$$

(iii)

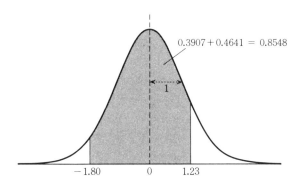

このことを式で書くと

$$\Pr\{-1.80<u<1.23\} = 0.8548$$

また，

$$\Pr\{|u|>u(P)\} = P \qquad (5)$$

によって $u(P)$ を定義し(図15参照)，$u(P)$ を**両側 $100P\%$ 点**とよぶ．上で定義した2つのパーセント点の間には

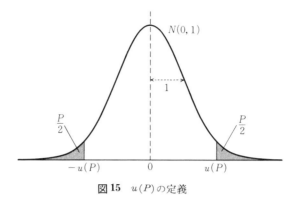

図15 $u(P)$ の定義

$$u(P) = K_{\frac{P}{2}} \tag{6}$$

という関係がある．本書では，標準正規分布のパーセント点としては $u(P)$ を使っていく．

例2 $u(P)$ の値としては次のものをひんぱんに使う．

$$u(0.10) = 1.645, \quad u(0.05) = 1.96$$
$$u(0.01) = 2.576, \quad u(0.02) = 2.326$$

付録の付表2を用いて上の数値を確かめてみよう．

$u(0.10)$ は上側 5% 点 ($K_{0.05}$) である．よって，$P \to K_P$ の表において $P=0.05$ の所を見ることにより 1.645 が得られる．

$u(0.05)$ は上側 2.5% 点 ($K_{0.025}$) である．$P \to K_P$ の表では $P=0.025$ はないので，$K_P \to P$ の表を使う．表中の確率が 0.025 となっている所を探すことにより 1.96 という数値が得られる．

他の2つの数値についても同様にして確かめられる． ──

一般の正規分布の確率は $N(0,1)$ の確率の数表を利用して計算することができる．いま，x を $N(\mu, \sigma^2)$ にしたがう確率変数とするとき

§8 正規分布

$$\Pr\{a<x<b\} = \int_a^b \frac{1}{\sqrt{2\pi}\,\sigma} e^{-\frac{1}{2\sigma^2}(x-\mu)^2} dx$$

$$= \int_{\frac{a-\mu}{\sigma}}^{\frac{b-\mu}{\sigma}} \frac{1}{\sqrt{2\pi}} e^{-\frac{1}{2}y^2} dy$$

である. 最後の項の積分の値は, 被積分関数が $\mu=0$, $\sigma=1$ の正規分布, つまり標準正規分布 $N(0,1)$ の確率密度関数になっているから, $N(0,1)$ にしたがう確率変数 u が $\dfrac{a-\mu}{\sigma}$ と $\dfrac{b-\mu}{\sigma}$ との間の値をとる確率に等しい. よって

$$\Pr\{a<x<b\} = \Pr\left\{\frac{a-\mu}{\sigma}<u<\frac{b-\mu}{\sigma}\right\} \tag{7}$$

が得られた. (7)式は, 一般の正規分布の確率が標準正規分布の確率として計算できることを示している. この結果は図16のように '図' で覚えておくとよい.

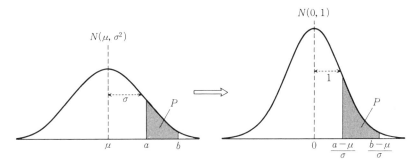

図16 正規分布の確率の計算

例3 x を $N(30, 16)$ にしたがう確率変数とするとき, $\Pr\{27<x<35\}$ の値を求めてみよう.

$$\frac{27-30}{4} = -0.75, \quad \frac{35-30}{4} = 1.25$$

であるから, 求める確率は $N(0,1)$ で -0.75 と 1.25 の間の値をとる確率となる. $N(0,1)$ において, 1.25 以上の値をとる確率は 0.1056,

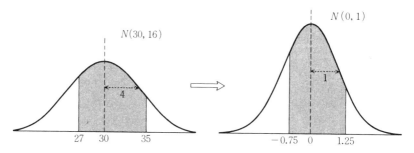

−0.75 以下の値をとる確率は 0.2266 であるから,求める確率は
$$1-0.1056-0.2266 = 0.6678 \fallingdotseq 0.67$$
である.

例題7 x が正規分布 $N(\mu, \sigma^2)$ にしたがうとき
$$\Pr\{\mu-\sigma<x<\mu+\sigma\} \fallingdotseq 0.68$$
$$\Pr\{\mu-2\sigma<x<\mu+2\sigma\} \fallingdotseq 0.95$$
$$\Pr\{\mu-3\sigma<x<\mu+3\sigma\} \fallingdotseq 0.997$$
である.このことを図示したものが図 17 である.

この 0.68, 0.95, 0.997 という数値は第 2 章 §3 でもでてきたが覚え

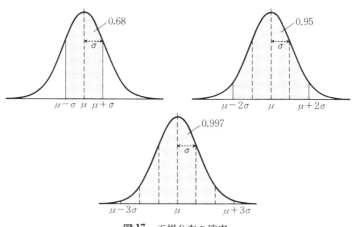

図 17　正規分布の確率

§8 正規分布

ておく値うちがある．標準偏差をシグマとよぶことがあり，この別名を用いて，正規分布ならば，平均から±1シグマで68％，平均から±2シグマで95％，平均から±3シグマで99.7％と覚えておく．したがって，もしデータが正規分布をしているならば，ほとんどのデータは平均から±3シグマの範囲にあり，この外に出るデータの割合は1000個に3個である，ということになる．

第2章§3で述べた平均 $\bar{x}$, 標準偏差 s の意義の理論的根拠はこの性質によっている．第2章で述べた，データのヒストグラムが対称性をもち釣鐘型をしているということは，データが正規分布をするということを意味し，そこでの $\bar{x}, s$ は，正規分布の平均 μ, 標準偏差 σ に対応するのである（これについては第8章§2, §3参照）．——

正規分布については次の重要な定理がある．

定理1 x が正規分布 $N(\mu, \sigma^2)$ にしたがうとき，$\dfrac{x-\mu}{\sigma}$ は標準正規分布 $N(0, 1)$ にしたがう．

証明 任意の定数 c に対して

$$\Pr\left\{\frac{x-\mu}{\sigma} < c\right\} = \Pr\{x \leq \mu + c\sigma\}$$

$$= \int_{-\infty}^{\mu+c\sigma} \frac{1}{\sqrt{2\pi}\,\sigma} e^{-\frac{1}{2\sigma^2}(x-\mu)^2} dx$$

$$= \int_{-\infty}^{c} \frac{1}{\sqrt{2\pi}} e^{-\frac{1}{2}y^2} dy = \Pr\{u < c\},$$

ここで u は $N(0, 1)$ にしたがう確率変数である．上の関係がすべての c に対して成立するのであるから，$\dfrac{x-\mu}{\sigma}$ の分布は標準正規分布 $N(0, 1)$ である．——

上の定理によって，一般の正規分布にしたがう確率変数を標準正

規分布に変換することを**標準化**とよぶ．

正規分布の確率の計算公式を表わす(7)式は，標準化の概念を用い，次のようにして導くこともできる：x は $N(\mu, \sigma^2)$ にしたがっているとする．

$$\Pr\{a<x<b\} = \Pr\left\{\frac{a-\mu}{\sigma}<\frac{x-\mu}{\sigma}<\frac{b-\mu}{\sigma}\right\}$$

ここで，定理1より，$\dfrac{x-\mu}{\sigma}$ は $N(0,1)$ にしたがうから

$$= \Pr\left\{\frac{a-\mu}{\sigma}<u<\frac{b-\mu}{\sigma}\right\}$$

となる．

例4 例3を標準化の公式を用いて解いてみよう．

$$\Pr\{27<x<35\} = \Pr\left\{\frac{27-30}{4}<\frac{x-30}{4}<\frac{35-30}{4}\right\}$$
$$= \Pr\{-0.75<u<1.25\} = 0.67$$

例題8 受験界でよく用いられている偏差値は，個人の成績を相対的にみるために考えられた数値である．学生集団の得点が正規分布をしているとみなし，各人の得点が，平均から標準偏差の何倍離れたところにいるかを表わす数値である．例えば，平均から標準偏差の2倍だけ正の方向に離れたところにいる学生であれば，自分より上の学生の割合は約 2.5% というように，自分の学力を相対的に評価することができる．

実際には

$$偏差値 = \frac{(個人の得点 - 集団の平均値)}{標準偏差} \times 10 + 50$$

として計算している．このように定義しておけば，平均の人が50点，+3シグマの人は80点，+2シグマの人は70点，-1シグマ

の人は40点ということになり，親しみやすい数値となる．

例題 9 鉄板工場がある．この工場で生産される鉄板の厚さは，正規分布 $N(6.00, (0.09)^2)$ にしたがうと考えられる（数字の単位は mm）．一方，この鉄板の厚さの規格は 6.00±0.15(mm) となっている．

(i) 規格外の製品を不良品とみなすとき，この工場の製品の不良率はいくらか．

(ii) この工場の製品の不良率を3％ぐらいにしたい．このためには，製品の平均値をそのままとしたとき，製品の標準偏差をどれぐらいまで小さくしなければいけないか．

解説 (i) この工場で生産される鉄板の厚さを x とすると，題意から，x は正規分布 $N(6.00, (0.09)^2)$ にしたがうことになる．製品の良品率は $\Pr\{5.85<x<6.15\}$ である．したがって標準化の公式によって，

$$\Pr\{5.85<x<6.15\} = \Pr\left\{\frac{5.85-6.00}{0.09}<\frac{x-6.00}{0.09}<\frac{6.15-6.00}{0.09}\right\}$$
$$= \Pr\{-1.67<u<1.67\} = 1-0.0475\times 2$$
$$= 0.9050$$

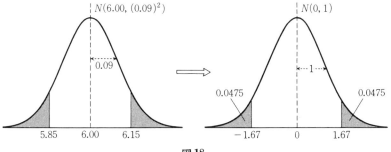

図 18

よって不良率は，$1-0.9050=0.095$ であるから，9.5% である．

別解として，図18のようにして不良率9.5%を求めてもよい．

(ii) 製品の標準偏差を σ とするとき，不良率を 3% にするためには，図19において 6.15 より大きくなる確率を 0.015 にする必要がある．一方，標準正規分布の上側 1.5% 点は 2.17 である(図20)．

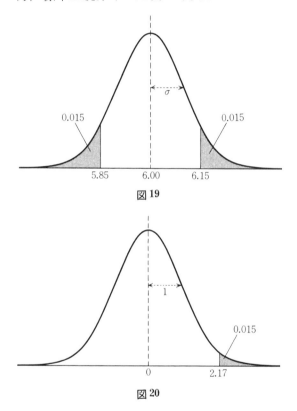

図19

図20

したがって

$$\frac{6.15-6.00}{\sigma} = 2.17$$

でなければいけない．これを解いて $\sigma \fallingdotseq 0.07$ を得る．よって製品の

標準偏差を，現在の 0.09 mm から 0.07 mm ぐらいまで小さくする必要がある．

§9 2項分布の正規分布による近似

2項分布の確率が正規分布の確率で近似されるということは§5で述べた．これは次の定理2によるものである．この定理は以後の章においてひんぱんに用いるので注意しておいてほしい．

定理2 x を2項分布 $B(n,p)$ にしたがう確率変数とする．n が十分に大きいとき，x は近似的に正規分布 $N(np, np(1-p))$ にしたがう．

解説 実用的には，$np>5$ かつ $n(1-p)>5$ ならば，$B(n,p)$ は $N(np, np(1-p))$ でかなり精度よく近似される，と考えておいてよい．また，上の近似において，2項分布の平均，標準偏差が，そのまま正規分布の平均，標準偏差とされていることを注意しておく．

定理2の証明を与える代りに，定理2の結果を数値例で確かめてみよう．

x を2項分布 $B(60, 0.1)$ にしたがう確率変数とする．$B(60, 0.1)$ の確率を計算すると表18のようになる．よって

(a) $\Pr\{x \leq 4\} = \sum_{x=0}^{4} p(x) = 0.2711$

表18　$B(60, 0.1)$

x	確率($p(x)$)	x	確率($p(x)$)
0	0.0018	5	0.1662
1	0.0120	6	0.1693
2	0.0393	7	0.1451
3	0.0844	⋮	⋮
4	0.1336		

(b) $\Pr\{4\leqq x\leqq 7\} = \sum_{x=4}^{7} p(x) = 0.6142$

となる.

いまの場合

$$np = 60\times 0.1 = 6, \quad n(1-p) = 60\times 0.9 = 54$$

であって,いずれも 5 より大であるので,x を正規分布で近似してみる.この正規分布の母数は

$$\text{平均} = np = 6, \quad \text{標準偏差} = \sqrt{np(1-p)} = \sqrt{5.4}$$

である.つまり,x は正規分布 $N(6.0, 5.4)$ で近似される.

正規近似により,(a), (b) の確率を計算してみよう.ここで,2項分布は離散分布,正規分布は連続分布であるので,正規近似の際には

$$\Pr\{x\leqq 4\}_{(2項)} \longrightarrow \Pr\{x\leqq 4.5\}_{(正規)}$$

というように,0.5 の連続修正をする.この修正の意味するところは,離散変数で 4 以下ということは連続変数では 4.5 以下ということに対応することを考えると,容易に理解できるであろう.したがって

(a) $\Pr\{x\leqq 4\}_{(2項)} \doteqdot \Pr\{x\leqq 4.5\}_{(正規)}$

$$= \Pr\left\{\frac{x-6.0}{\sqrt{5.4}} \leqq \frac{4.5-6.0}{\sqrt{5.4}}\right\}$$

$$= \Pr\{u\leqq -0.65\} = 0.2578$$

同様にして

(b) $\Pr\{4\leqq x\leqq 7\}_{(2項)} \doteqdot \Pr\{3.5\leqq x\leqq 7.5\}_{(正規)}$

$$= \Pr\left\{\frac{3.5-6.0}{\sqrt{5.4}} \leqq \frac{x-6.0}{\sqrt{5.4}} \leqq \frac{7.5-6.0}{\sqrt{5.4}}\right\}$$

$$= \Pr\{-1.08 \leqq u \leqq 0.65\} = 0.6021$$

が得られる．小数点以下 2 桁で比べると，(a) の場合は 0.27（正確値）に対して 0.26（近似値），(b) の場合は 0.61（正確値）に対して 0.60（近似値）であり，かなりの精度をもっていることがわかる．

例題 10 或る検定試験は 30 問からなっており，各問には，正しい答 1 つを含む 3 つの答が用意されていて，受験者はそのうちの 1 つの答を選ぶようになっている．そして，30 問中，17 問以上合えば検定試験に合格することになっている．

正解（正答）能力の全くない人が，この検定試験に合格する確率はいくらか．

解説 正解能力の全くない人がでたらめに答を選んだとしても，正しい答を選ぶ確率は $\frac{1}{3}$ ある．つまり，正解能力のない人が各問で正しい答を選ぶ確率は $\frac{1}{3}$ である．したがって，この人が 30 問中正解をする問題の数を x とすると，x は 2 項分布 $B\left(30, \frac{1}{3}\right)$ にしたがう確率変数となる．検定に合格するということは $x \geqq 17$ ということであり，問題は $\Pr\{x \geqq 17\}$ を求めることである．

$B\left(30, \frac{1}{3}\right)$ では，

$$np = 30 \times \frac{1}{3} = 10, \quad n(1-p) = 30 \times \frac{2}{3} = 20$$

で，いずれも 5 より大であるので，x を正規分布で近似して合格確率を求めることにする．

$$np = 10, \quad np(1-p) = \frac{20}{3} = (2.58)^2$$

であるから，x は正規分布 $N(10, (2.58)^2)$ で近似される．よって

$$\text{合格確率} = \Pr\{\underbrace{x \geqq 17}_{(2\text{項})}\} \doteqdot \Pr\{\underbrace{x \geqq 16.5}_{(\text{正規})}\}$$

$$= \Pr\left\{\frac{x-10}{2.58} \geqq \frac{16.5-10}{2.58}\right\} = \Pr\{u \geqq 2.52\}$$

$$= 0.0059$$

となる．

§10 指数分布

確率密度関数が

$$f(x) = \begin{cases} \lambda e^{-\lambda x}, & 0 < x < \infty \\ 0, & x \leqq 0 \end{cases} \tag{1}$$

で与えられる分布を**指数分布**とよび，これを記号 $e(\lambda)$ で表わす．母数は $\lambda\,(\lambda>0)$ であり，確率密度関数のグラフは図21のようになる．

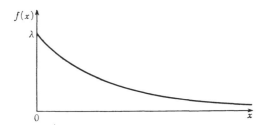

図21 $e(\lambda)$ の確率密度関数

指数分布 $e(\lambda)$ の平均と標準偏差は

$$E(x) = \frac{1}{\lambda} \tag{2}$$

$$D(x) = \frac{1}{\lambda} \tag{3}$$

となる．この計算は容易であるので，読者は確かめてみよ．

指数分布にしたがう現象としては，（i）或る種の品物の寿命時間（§11, 例題13参照），（ii）窓口にお客が一定の率でランダムに来るとき，お客の到着する時間間隔（§11, 例題15参照），などがある．

表 19 銀行に来たお客の時刻

No.	到着時刻	到着間隔(秒)	No.	到着時刻	到着間隔(秒)	No.	到着時刻	到着間隔(秒)
1	0		42	00:30:52	18	83	00:54:21	46
2	00:00:26	26	43	33:01	129	84	:30	9
3	:41	15	44	:25	24	85	:49	19
4	02:45	124	45	35:02	97	86	55:06	17
5	:47	2	46	:07	5	87	56:51	105
6	05:45	178	47	36:16	69	88	57:08	17
7	06:46	61	48	37:07	51	89	:32	24
8	07:18	32	49	:15	8	90	58:25	53
9	09:05	107	50	:19	4	91	:36	11
10	:34	29	51	:24	5	92	:42	6
11	:46	12	52	38:05	41	93	59:08	26
12	:49	3	53	39:21	76	94	01:00:18	70
13	10:03	14	54	:27	6	95	01:17	59
14	:03	0	55	:43	16	96	:28	11
15	11:04	61	56	:48	5	97	:40	12
16	:50	46	57	41:12	84	98	:40	0
17	14:16	146	58	42:39	87	99	02:05	25
18	15:06	50	59	:49	10	100	:11	6
19	16:46	100	60	43:12	23	101	:30	19
20	17:09	23	61	:20	8	102	:54	24
21	19:02	113	62	:25	5	103	03:10	16
22	20:24	82	63	44:57	92	104	:17	7
23	:37	13	64	45:08	11	105	04:02	45
24	:44	7	65	:55	47	106	:38	36
25	22:47	123	66	46:15	20	107	05:10	32
26	23:14	27	67	47:07	52	108	:29	19
27	:28	14	68	:25	18	109	06:23	54
28	:29	1	69	:32	7	110	:23	0
29	24:19	50	70	:32	0	111	:30	7
30	:56	37	71	:42	10	112	07:59	89
31	25:15	19	72	48:52	70	113	10:51	172
32	:54	39	73	49:21	29	114	11:34	43
33	:54	0	74	:30	9	115	12:48	74
34	26:17	23	75	:46	16	116	14:52	124
35	27:33	76	76	50:18	32	117	16:59	127
36	:44	11	77	:43	25	118	18:47	108
37	28:28	44	78	52:04	81	119	:51	4
38	29:49	81	79	:20	16	120	19:10	19
39	30:05	16	80	:47	27	121	:13	3
40	:07	2	81	:50	3			
41	:34	27	82	53:35	45			

例題11 表19は,某銀行某支店に来たお客の到着時刻を,午前10時15分から約1時間半にわたって観測したデータである.親子連れのように,明らかに1つの組とみなされる2人以上の同時到着は1人とみなしている.この表において,第1列は銀行に来たお客の通し番号,第2列は到着時刻(最初の1人の到着時刻を0としている),第3列は相続くお客の到着間隔である.

到着間隔が指数分布にしたがうとみなせるかどうかを検討してみよう.

解説 到着間隔の度数分布表とヒストグラムはそれぞれ表20,図22のようになる.ヒストグラムの形から,到着間隔をxとするとき,xの分布は,大体において,指数分布に近いように思える.

指数分布との適合性をよりきちんとやるには,例題6の交通事故による死亡者数のようにすればよい.指数分布は母数λをもっている.したがって,xが指数分布にしたがうとした場合,λがいく

表20

階級(単位:秒)	度数
0 〜 14.5	39
14.5〜 29.5	31
29.5〜 44.5	9
44.5〜 59.5	12
59.5〜 74.5	6
74.5〜 89.5	8
89.5〜104.5	3
104.5〜119.5	4
119.5〜134.5	5
134.5〜149.5	1
149.5〜164.5	0
164.5〜179.5	2
179.5 以上	0
計	120

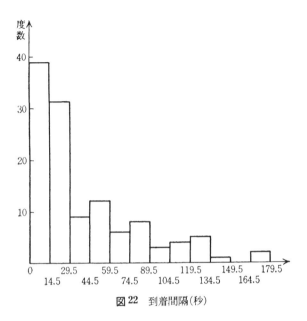

図22 到着間隔(秒)

らの指数分布であるかをまず定めてやらねばならない．

(2)式より，$\dfrac{1}{\lambda}$ は指数分布の平均，つまり到着間隔 x の期待値になっているから，到着間隔のデータの平均値を求め，この値を $\dfrac{1}{\lambda}$ に等しいとおくことにより λ の値を定める．到着間隔の平均値は 40.3≒40.0 であるから

$$\frac{1}{\lambda} = 40.0$$

したがって，$\lambda = \dfrac{1}{40}$ とみなす．

表20の度数分布表において，x が $\lambda = \dfrac{1}{40}$ の指数分布にしたがうとした場合，各階級内の値をとる確率，各階級の期待度数を計算すると表21のようになる．表21において，x が指数分布であるとしたときの期待度数と実際の観測度数とを比較してみよう．

表21

階級(単位：秒)	指数分布としたときの確率	指数分布としたときの期待度数	観測度数
0 ～ 14.5	0.304	36.5	39
14.5～ 29.5	0.218	26.2	31
29.5～ 44.5	0.150	18.0	9
44.5～ 59.5	0.103	12.4	12
59.5～ 74.5	0.071	8.5	6
74.5～ 89.5	0.049	5.9	8
89.5～104.5	0.033	4.0	3
104.5～119.5	0.023	2.8	4
119.5～134.5	0.016	1.9	5
134.5～149.5	0.011	1.3	1
149.5～164.5	0.007	0.8	0
164.5～179.5	0.005	0.6	2
179.5 以上	0.010	1.2	0
計	1.000	120.0	120

少々のズレはあるが，割とよく適合していると判断してよいであろう．観測データの数をもっと多くしてやれば，適合性がもっと明瞭になると思われる．したがって，この時間帯に銀行に来るお客は，一定の率でランダムに来る，とみなしてよいであろう．

§11 現象と確率分布

偶然現象を観察し，そこに現われる確率変数の性質を調べることは大切である．

例題12 x-y 平面上の，原点 O，点 $A(2, 0)$，点 $B(0, 2)$ の3点を頂点とする $\triangle AOB$ を考える(図23)．この三角形の内部に1点 P をランダムに選ぶ．このことは，点 P がこの三角形のどこかの部分に特に現われやすいとか，どこかの部分に現われにくいといった傾向はなく，一定面積内に現われる確率がどの部分でも同じである，

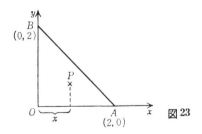

図23

ということを意味する.

点 P の x 座標を x とすると, x は確率変数となる.
(i) 確率変数 x の分布
(ii) 確率変数 x の期待値と分散
を求めてみよう.

解説 (i) 点 P が三角形の内部にランダムに選ばれるということは, P が三角形内の領域 E に落ちる確率が (領域 E の面積)/($\triangle AOB$ の面積) ということである.

明らかに, x の分布は連続分布である. 連続分布を求める場合には, まず累積分布関数を求め, 次にこれを微分して確率密度関数を求めるという手順をとるのが普通である (§7 の (4) 式を参照).

x の累積分布関数を $F(x)$, 確率密度関数を $f(x)$ とする. $0 < t < 2$ に対して

$$F(t) = \Pr\{x \leqq t\}$$

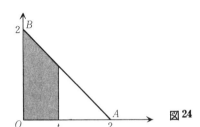

図24

$$= \frac{\text{図 24 の陰の部分の面積}}{\triangle AOB \text{ の面積}}$$

$$= \frac{2-\frac{1}{2}(2-t)^2}{2} = t - \frac{1}{4}t^2$$

よって $F(x)$ は t を x に置き換えることにより

$$F(x) = \begin{cases} 0, & x \leqq 0 \\ x-\frac{1}{4}x^2, & 0 < x < 2 \\ 1, & x \geqq 2 \end{cases}$$

となる。これより

$$f(x) = \begin{cases} 1-\frac{1}{2}x, & 0 < x < 2 \\ 0, & \text{その他} \end{cases}$$

を得る(図 25)．この分布は**三角分布**とよばれている．

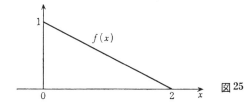

図 25

(ii) x の期待値 $E(x)$ は

$$E(x) = \int_{-\infty}^{\infty} x \cdot f(x)\,dx = \int_0^2 x\left(1-\frac{1}{2}x\right)dx = \left[\frac{1}{2}x^2 - \frac{1}{6}x^3\right]_0^2$$
$$= \frac{2}{3}$$

x の分散 $V(x)$ を求めるには，§7 の(8)式を使う．

$$V(x) = \int_{-\infty}^{\infty} x^2 \cdot f(x)\,dx - (E(x))^2$$

$$= \int_0^2 x^2\left(1-\frac{1}{2}x\right)dx - \left(\frac{2}{3}\right)^2 = \frac{2}{3} - \left(\frac{2}{3}\right)^2 = \frac{2}{9}$$

例題 13 使っていても摩耗または疲労するということはなくて——したがっていつも新品同様——，故障は全く偶発的要因によってのみ起るという品物があったとする．電子部品などは，大体において，このような性質をもっているといわれている．このような品物の寿命は確率変数と考えられるが，これの分布を求めてみよう．

解説 この品物の寿命時間を t とし，t の累積分布関数を $F(t)$，確率密度関数を $f(t)$ とする．

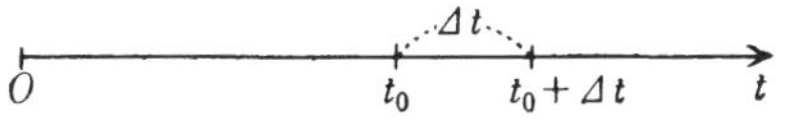

図 26

この品物が時刻 t_0 まで故障せず，次の微小時間間隔 Δt の間に故障を起す確率 P を求める(図26参照)．まず，時刻 t_0 までに故障をしない確率は $1-F(t_0)$ である．次に，時刻 t_0 から Δt の間に故障を起す確率は，この品物はいつも新品同様であるから，時間間隔 Δt に比例し，時刻 t_0 には無関係と考えられる．よって，$(t_0, t_0+\Delta t)$ の間に故障を起す確率は $\lambda \cdot \Delta t$ と書くことができる．ここで，λ は時刻 t_0 に関係しない定数であることを注意しておく．よって

$$P = [1-F(t_0)]\lambda \cdot \Delta t \tag{1}$$

である．一方，確率密度関数のほうから考えると

$$P = \int_{t_0}^{t_0+\Delta t} f(t)dt \fallingdotseq f(t_0) \cdot \Delta t \tag{2}$$

である．(1)式と(2)式とを等しいとおくことにより

$$[1-F(t)]\lambda \cdot \Delta t = f(t) \cdot \Delta t \tag{3}$$

を得る．ここで，$t_0(>0)$ は任意であるので，t_0 を $t(>0)$ に置き換えた．§7の(4)式を使うと，(3)式より微分方程式

$$\frac{dF(t)}{dt} = \lambda(1-F(t)) \tag{4}$$

を得る.この微分方程式を解くと
$$1-F(t) = ce^{-\lambda t}, \quad (c:\text{定数})$$
$t=0$ のとき $F(t)=0$ であるから $c=1$.したがって
$$F(t) = \begin{cases} 1-e^{-\lambda t}, & t>0 \\ 0, & t \leqq 0 \end{cases} \tag{5}$$

を得る.したがって
$$f(t) = \begin{cases} \lambda e^{-\lambda t}, & t>0 \\ 0, & t \leqq 0 \end{cases} \tag{6}$$

となる.(6)式は指数分布 $e(\lambda)$ の確率密度関数にほかならない.よってこの品物の寿命時間は指数分布にしたがう.

例題 14 例題 13 においては,品物は摩耗や疲労をせず,たえず新品同様であるという仮定をした.しかし一般には,品物は使用していけば摩耗や疲労をする.このような一般の品物の寿命分布はどのように表わされるであろうか.

解説 使用していけば摩耗や疲労をしていくのであるから,時刻区間 $(t_0, t_0+\Delta t)$ の間に故障を起す確率は時刻 t_0 にも関係する.したがって,この確率を $\lambda(t_0) \cdot \Delta t$ と評価するべきである.ここで $\lambda(t)$ は t の適当な関数であり,t に関して単調非減少関数であろう.$\lambda(t)$ は**故障率関数**とよばれている.

もし,(1)式において $\lambda \cdot \Delta t$ を $\lambda(t) \cdot \Delta t$ で置き換えると,(4)式は
$$\frac{dF(t)}{dt} = \lambda(t)[1-F(t)] \tag{7}$$

となる.この微分方程式を解くことにより
$$F(t) = 1-\exp\left[-\int_0^t \lambda(\xi)d\xi\right] \tag{8}$$

§11 現象と確率分布

が得られる.したがって寿命時間 t の確率密度関数 $f(t)$ は

$$f(t) = \lambda(t) \cdot \exp\left[-\int_0^t \lambda(\xi)d\xi\right] \tag{9}$$

となる.(9)式は一般の品物の寿命時間の分布と考えられる.

さて,(9)式において,故障率関数 $\lambda(t)$ をどう選ぶかにより,いろいろな寿命分布が考えられる.

(i) $\lambda(t) = \lambda$ の場合 (λ は正の定数).

$$f(t) = \lambda e^{-\lambda t}$$

これは例題13でとりあげた指数分布である.

(ii) $\lambda(t) = Kt$ の場合 (K は正の定数).

$$f(t) = Kt e^{-\frac{Kt^2}{2}}$$

これは**レイライ分布**とよばれている. K が分布の母数である.

(iii) $\lambda(t) = Kt^m$ の場合 (K は正の定数, m は $m > -1$ である定数).

$$f(t) = Kt^m e^{-\frac{K}{m+1}t^{m+1}}$$

これは**ワイブル分布**とよばれている. K, m が分布の母数である.

注6 寿命時間の累積分布関数 $F(t)$ は,寿命が t 以下である確率であるから,

$$R(t) = 1 - F(t) \tag{10}$$

とおくと, $R(t)$ は時刻 t までに品物が故障を起さない確率となる. $R(t)$ は**信頼度関数**とよばれている.

故障率関数 $\lambda(t)$,信頼度関数 $R(t)$,寿命の確率密度関数 $f(t)$ の間の関係式としては,(9)式のほか

$$R(t) = \exp\left[-\int_0^t \lambda(\xi)d\xi\right] \tag{11}$$

$$\lambda(t) = \frac{f(t)}{R(t)} = -\frac{d}{dt}\log R(t) \tag{12}$$

がある.

例題 15 窓口にお客が一定の率でランダムに来るとき——**ランダム到着**とよばれる——，お客の到着する時間間隔は確率変数と考えられる．これの分布を調べてみよう．

解説 或る到着から次の到着までの時間，つまり到着間隔を t とし，t の累積分布関数を $F(t)$，確率密度関数を $f(t)$ とする．

お客は一定の率でランダムに到着するのであるから，微小時間間隔 Δt に対して，区間 $(t_0, t_0+\Delta t)$ の間に 1 人のお客が到着する確率は，t_0 に関係なく，Δt に比例すると考えられる（Δt は微小時間間隔であるので，この間に 2 人以上のお客が来ることはないとしてよい）．したがって，この確率を

$$c \cdot \Delta t \tag{13}$$

と書くことができる．ここで c は t_0 に関係しない定数である．よって，区間 $(t_0, t_0+\Delta t)$ の間に**次の**到着の起る確率は

$$[1-F(t_0)]c \cdot \Delta t$$

である．一方，確率密度関数 $f(t)$ の定義より，この値は

$$\int_{t_0}^{t_0+\Delta t} f(t)\,dt \doteqdot f(t_0) \cdot \Delta t$$

に等しいはずである．よって，等式

$$f(t) = c[1-F(t)]$$

が得られ，これより微分方程式

$$\frac{dF(t)}{dt} = c[1-F(t)]$$

が得られる．この微分方程式は例題 13 の (4) 式と同じである．よって，ランダム到着では，到着時間間隔は指数分布にしたがう，ということになる．

例題 16 例題 15 でとりあげた窓口へのランダム到着において，一定時間内に到着するお客の数は確率変数と考えられる．これの分

布を調べてみよう．

解説 一定時間を L とする．L を微小時間 Δt の N 個の部分区間に分割する(図27)．

図27

Δt の間にお客が到着する確率は $c \cdot \Delta t$ と考えてよい((13)式参照)．ここで，c は定数である．そうすると，一定時間 L の間に到着するお客の数を x とするとき，x は2項分布 $B(N, c \cdot \Delta t)$ にしたがう．ここで

$$N \to \infty \quad (\text{したがって } c \cdot \Delta t \to 0)$$

とすると，x はポアソン分布にしたがう(§6参照)．その母数は

$$N \cdot c \cdot \Delta t = N \cdot c \cdot \frac{L}{N} = c \cdot L$$

である．このことから，ランダム到着では，一定時間内に到着するお客の数はポアソン分布にしたがうとみなされる．

練習問題 4

1. x を正規分布 $N(70, (10)^2)$ にしたがう確率変数とするとき，
$$\Pr\{x > K\} = 0.15$$
であるような K の値を求めよ(図28参照)．

2. 学生の成績を A, B, C, D の4段階で評価することにし，各評価の割合は
$$A: 25\%, \quad B: 40\%, \quad C: 30\%, \quad D: 5\%$$
とする(よいものから順に A, B, C, D とし，D は不合格である)．

学生の成績の分布が近似的に正規分布 $N(70, (10)^2)$ にしたがっているとするとき，A, B, C, D 各評価の点数の範囲を示せ．

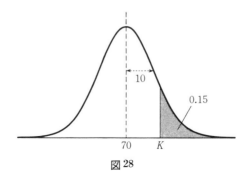

図 28

3. 某会社で製造しているパッケージ入り食料品の正味重量は, パッケージごとに変動をしており, 近似的に平均 $\mu=205.0$, 標準偏差 $\sigma=2.0$ の正規分布をしているとみなされる(数字の単位はグラム). ここで, 平均 μ は入れ目の目標値である. "各パッケージの正味重量200グラム以上"を保証したい.

(i) 現在の状態で, 正味重量が200グラムに満たないパッケージの割合はいくらか.

(ii) 正味重量が200グラムに満たないパッケージの割合を0.1%にしたい.

　(a) 標準偏差 σ をそのままとしたとき, 平均 μ をいくらに引き上げなければいけないか.

　(b) 平均 μ をそのままとするならば, 標準偏差 σ をどれぐらいまで小さくしなければいけないか.

4. 200個の文字をパンチしたとき1個の割合でミスをするキーパンチャーがいる. このパンチャーが2000個の文字をパンチしたとき

(i) ミスが1個もない確率を求める式を書け.

(ii) ミスが1個以下である確率を求める式を書け.

(iii) ミスが8個以下である確率を, 正規近似により求めよ.

5. 2つのサイコロを投げ, 出た目の和を x とおくと, x は確率変数である.

(i) x の確率分布を示せ.

(ii) x の期待値と標準偏差を計算せよ.

第5章
統計的推測

　いよいよこの章から，本書の主題である統計的推測の議論へと進む．

　まず，この章では，標本から母集団への推測を行なう統計的推測について，（i）その考え方と数学的定式化とを説明し，（ii）1つの例を用いて，推測の方法の概要を説明する．

　この章の内容は以後の章の議論の基礎になっている．繰り返し読み，よく理解をした上で次の章に進んでもらいたい（ただし§2は，やや抽象的な議論であり，完全に理解できなくてもよい）．

§1　統計的推測とは

　統計的推測は，標本にもとづく母集団分布の推測である，ということを第1章で説明した．そこでは，母集団分布とは，母集団内のデータの分布であると直観的に説明してきたが，厳密には，母集団分布は確率変数の概念を用いて次のように定義される：母集団から1個の標本をランダムにとり出すとき，その標本の値は確率変数とみなされる．（なぜならば，標本はいろいろな値をとるが，それは，母集団内のデータの規則性にしたがっていろいろな値をとる，つまりとる値には1つの規則性があると考えられるからである．）この確率変数の分布が母集団分布である．

　母集団分布の平均や分散と，標本 $x_1, x_2, \cdots, x_n$ から計算される平

均($\bar{x}$)や分散(s^2)とを区別するために，母集団分布の方には'母'をそれらの用語の前につけて**母平均，母分散**，標本から計算されるものには'標本'を平均，分散の前につけて，**標本平均，標本分散**などとよぶことがある．しかし前後関係から，両者の区別がはっきりしている場合には，ただ単に平均，分散とよぶ．

さて，標本から母集団分布の推測をする際，母集団分布に対し何の仮定もしないで母集団分布を推測しようとすると，話があまりにも漠としていて，有効な情報が得られない．一方，実際の場面では，母集団を設定した場合，母集団の性質から，母集団分布の型――正規分布とか2項分布とかの類――は定まっている，または母集団分布の型は仮定してもよい，という場合が多い．

このことから本書では，母集団分布の**型**はわかっているが，母集団分布の**母数**が未知であるという場合の統計的推測を考える．この場合では，標本から母集団分布を推測する問題は，標本から母集団分布の母数を推測する問題に帰着される．

実際の問題において，このような形の推測で十分であることを，第1章でとりあげた例題1，例題2，例題4の3つの場合について説明しよう．

例題1(第1章)の場合：M内閣を支持する人には数字1，そうでない人には数字0を対応させると，母集団は数字0と1との集まりとなる．このうち，数字1の割合 p がM内閣の支持率であり，われわれは p が知りたいのである．

この場合の母集団分布は離散分布であって，その確率関数 $p(x)$ は

$$p(x) = p^x \cdot (1-p)^{1-x}, \quad x = 0, 1 \qquad (1)$$

である(図1)．そうすると，母集団分布の型(関数形)はわかっているが，分布には未知の母数 p があるという形になっている．われ

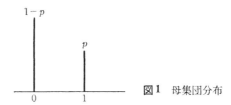

図1 母集団分布

われとしては，母集団分布の母数 p を推測すれば目的を達する．

この場合の母集団分布を表わす式，(1)式，は2項分布 $B(1, p)$ になっている．このことから，以後本書では，このような母集団を，**母集団比率 p をもつ2項母集団**とよぶ．

例題2(第1章)の場合：母集団(ロット)の部品は，多分，同じ条件のもとで作られたものであろうから，この部品の外径寸法は正規分布にしたがっていると仮定してもよいであろう．しかし，正規分布の母数である平均 μ と標準偏差 σ は，当然のことながらわからない．このことは，母集団分布は正規分布 $N(\mu, \sigma^2)$ とし，μ, σ^2 は未知と考える，ということになる．

われわれは標本から母数 μ と σ の値を推測すればよい．そうすると，例えば規格が 45.5 mm 以上 47.5 mm 以下というように与えられておれば，このロットの不良率を知ることができる(図2)．

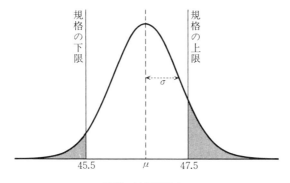

図2 母集団分布

例題4(第1章)の場合：母集団は1つの品物の重さを無限回測定して得られるデータの集まりであるから，母集団分布として正規分布 $N(\mu, \sigma^2)$ を仮定してよいであろう．ただし，母数 μ, σ^2 の値は未知である．母平均 μ がこの品物の真の重さであり，標本から μ の値を推測すればよい．

例題2, 4のように，母集団分布として正規分布を仮定した母集団を**正規母集団**とよぶ．

§2 統計的推測の定式化

前節で述べた統計的推測は，数学的には，確率変数，確率分布を用いて次のように定式化される．

母集団は無限母集団であるとし，母集団分布を，それが離散分布の場合には確率関数 $p_\theta(x)$，連続分布の場合は確率密度関数 $f_\theta(x)$ で表わすものとする．ここで θ は未知母数である．つまり，母集団分布について，分布の型 $p_\theta(x)$（または $f_\theta(x)$）はわかっているが未知母数 θ を含んでいるとする．

この母集団から大きさ n の標本をとる．第1番目の標本の値を表わす確率変数を x_1，第2番目の標本の値を表わす確率変数を x_2，$\cdots$，第 n 番目の標本の値を表わす確率変数を x_n とおくと，確率変数の組 $(x_1, x_2, \cdots, x_n)$ が得られる．これは次の2つの性質をもっている．

① $x_1, x_2, \cdots, x_n$ は互いに**独立な**(注1参照)確率変数である．なぜならば，母集団は無限母集団であるから，第2番目の標本の値 x_2 は，第1番目の標本の値 x_1 に関係しないであろう．よって x_1 と x_2 とは独立と考えてよい．他の確率変数についても同様である．

② $x_1, x_2, \cdots, x_n$ の分布はいずれも $p_\theta(x)$（または $f_\theta(x)$）である．

このことから，一般に，上の2つの性質①, ②を満足する確率変

数の組 $(x_1, x_2, \cdots, x_n)$ を，母集団分布 $p_\theta(x)$（または $f_\theta(x)$）からの大きさ n の標本，または**分布 $p_\theta(x)$（または $f_\theta(x)$）からの大きさ n の標本**とよぶ．また，$(x_1, x_2, \cdots, x_n)$ は**標本確率変数**とよばれることもある．

上に定義した言葉を用いると，標本から母集団分布の未知母数 θ，または θ の関数 $g(\theta)$ を推測する問題は次のように定式化される：

1つの確率分布 $p_\theta(x)$（または $f_\theta(x)$）があり，この分布は完全にはわかっていなくて未知母数 θ を含んでいる．この分布からの大きさ n の標本 $(x_1, x_2, \cdots, x_n)$ をもとにして，母数 θ，または θ の関数 $g(\theta)$ を推測する．

注1 本書では，確率変数の独立性に関する定義を与えてはいない．しかしながら実用的には，'独立' というのは '無関係' の意味に解釈しておけばよい．例えば，確率変数 x_1 と x_2 とが独立であるというのは，x_1 のとる値は x_2 がどんな値をとったかに関係しない，逆に，x_2 のとる値は x_1 がどんな値をとったかに関係しない，と考えておけばよい．独立という言葉は再び第7章以後に時々出てくる．

§3 統計的推測の方法

標本から母集団分布の母数を推測する方法としては，**仮説検定，点推定，区間推定**の3つがある．ここでは，母集団比率 p をもつ2項母集団の比率 p を推測する問題を例にとりあげ，問題の定式化の仕方および統計的推測の方法の概要を説明する．

問 題

昨年度の調査では M 内閣の支持率は 43% と推定されていた．ところで，最近，3000人の有権者について M 内閣の支持率を調査したところ，そのうちの 1083 人が M 内閣を支持すると答えた．この調査データでは M 内閣の支持率は $\dfrac{1083}{3000} \times 100 = 36.1\%$ となり，

M内閣の支持率は昨年度より下がったように思える．では，本当に，現在のM内閣の支持率は昨年度と異なっていると断定してよいであろうか．

定式化

母集団は現在の全有権者である．各有権者にM内閣を支持する人には数字1，そうでない人には数字0を対応させると，母集団分布は図1のようになる．そして数字1の割合pがM内閣の支持率である．

標本の大きさは$n=3000$であり，その標本の値を$(x_1, x_2, \cdots, x_{3000})$と書くと，各$x_i$は0または1の値である．例えば，$i$番目の標本有権者がM内閣を支持すれば$x_i=1$，そうでなければ$x_i=0$である．3000人中の1083人がM内閣を支持すると答えたということは，標本における数字1の個数の合計，つまり$\sum_{i}^{n} x_i$が1083ということである．

問題は，$(x_1, x_2, \cdots, x_{3000})$をもとに$p$についての推測をすることである．

仮説検定

この3000人のデータから支持率を計算すると36.1%で，昨年度の43%より確かに下がっており，支持率が低下しているようにも思える．しかし，この36.1%というのは，いまの調査に選ばれたたまたまの3000人の値であり，同様な調査をもう一度やれば，標本として選ばれる3000人も違い，その結果，こんどは1500人ぐらいの人が支持し，支持率は50%ということになるかも知れない，ということも考えられる．それは，標本の値が標本ごとに変動をするからである．

したがってわれわれは，標本の値を全面的に信用し，標本中の支持率が36.1%だからといって母集団の支持率pは昨年度と同じ

43%ではない,または43%より低下している,と直ちに断定してはいけない.なぜならば,母集団の支持率 p が 43% であっても,$n=3000$ 人の有権者を抽出したとき,そのうち支持する人の割合が 36.1% ということはあり得るからである.

このような問題に答えるための統計的方法は,未知母数 p について仮説 H_0

$\quad\quad H_0: p = 0.43 \quad$ (支持率は昨年と変化していない)

を立て,この仮説が棄却(否定)されるか,棄却されないかをみることである.換言すれば,母集団支持率 p が 0.43 と変わったかどうかを知りたいときには,"p は変わっていない" という仮説を立てる.そして,この仮説が棄却されたときには支持率は変わったと判断し,棄却されないときには支持率が変化したとは判断しないことにするのである.

このように,未知の母数について1つの仮説を立て,この仮説が棄却されるかどうかをみる,といった推理の方法を**仮説検定**または単に**検定**という.

では仮説 H_0 を,どういった論理によって棄却したり,棄却しなかったりするかを説明しよう.もし仮説 H_0 が正しいならば,$n=3000$ 人の有権者を抽出したとき,M内閣を支持する人の数を $R\left(=\sum_{i=1}^{n} x_i\right)$ とすると,R は2項分布 $B(3000, 0.43)$ にしたがうことになる.ところで,2項分布 $B(n, p)$ は n が大きいとき正規分布 $N(np, np(1-p))$ で近似されるという事実があり,これを使う(第4章§9参照).いまの場合

$\quad\quad np = 3000 \times 0.43 = 1290$

$\quad\quad np(1-p) = 3000 \times 0.43 \times 0.57 = 735.3 = (27.1)^2$

であるから,R は近似的に正規分布 $N(1290, (27.1)^2)$ にしたがうことになる.そうすると正規分布の性質(第4章§8)より,仮説 H_0 が

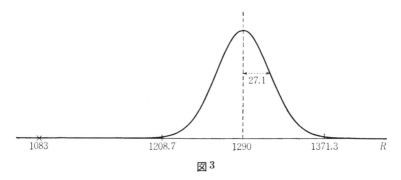

図3

正しいならば，R のとる値は

$$1290 - 3 \times 27.1 = 1208.7$$
$$1290 + 3 \times 27.1 = 1371.3$$

の範囲内ということになる（図3）．現実に得られている R の値 1083 は，仮説 H_0 が正しいとしたときには，到底起るとは考えられないような値である．このことから仮説 H_0 は正しいとは考えられない，よって仮説 H_0 を棄却する．したがって，M 内閣の支持率は最近変化したと考えるべきである．

点 推 定

検定の結果，M 内閣の支持率は昨年度の 43% ではないということになったが，では最近の支持率 p はいくらであるか．これに答える方法が点推定である．**点推定**は，p を1つの数値で推定する方法である．常識的な p の推定のやり方は $\frac{R}{n} = \frac{1083}{3000} = 0.361$ である．$\frac{R}{n}$ のように，標本から計算される量で，母数の推定に用いられるものを**推定量**という．推定量に対して，標本における R の実際の値 $R=1083$ を代入して得られる $\frac{R}{n}$ の値 0.361 を**推定値**という．

ところで，R は標本ごとに変動するから（もう一度 3000 人の有権者を抽出調査をすれば，R の値は 1083 ではなくて，これとは異なった値になるということ），推定値 0.361 には，当然のことながら，

誤差がある．推定値の誤差についての議論は第6章で詳しくとりあげる．

ただ単に p を推定せよというだけのことなら誰にでもできる．それは，あてずっぽうで勝手に推定してやればよいからである．しかしこの場合には，"その推定値の誤差は？"と聞かれたら全くわからないであろう．統計学のすばらしさは，いろんな推論をした場合，その誤差，精度または確からしさの評価ができるということである．

標本の大きさ n が小さいときには $R=0$ または $R=n$ ということが起り，推定量 $\dfrac{R}{n}$ を用いると，p の推定値は0または1という極端なものになる．こういう欠点を除くために，n が小さいときの p の推定量として，$\dfrac{R+1}{n+1}, \dfrac{R+1}{n+2}$ などが考えられている．このようなことから，p の推定量としてどれがよいかという問題もある．

区間推定

点推定は未知母数 p を1つの値でもって推定する方法であったが，推定値は当然誤差をもっている．それならば，いっそのこと，p は 0.34 から 0.38 の間にあるというように区間でもって推定してやったほうがよいではないか，ということが考えられる．このように，未知母数を区間でもって推定するやり方を**区間推定**という．区間推定と点推定とをまとめて，単に，**推定**とよぶことがある．

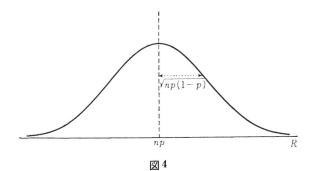

図4

M 内閣の支持率 p の区間推定を考えよう。$n=3000$ 人中の支持する人の数 R は 2 項分布 $B(n,p)$ にしたがう。仮説検定のときと同じように，2 項分布を正規分布で近似すると，R は近似的に正規分布 $N(np, np(1-p))$ にしたがう(図4). よって正規分布の性質より

$$\Pr\{np-1.96\sqrt{np(1-p)} < R < np+1.96\sqrt{np(1-p)}\} = 0.95 \quad (1)$$

が得られる. (1)式の左辺の { } 内の不等式を，まず

$$-1.96\sqrt{np(1-p)} < R-np < 1.96\sqrt{np(1-p)}$$

と変形する。次に，この各辺から R を引き，各辺に $-\dfrac{1}{n}$ を掛けるという変形をすることにより，(1)式は

$$\Pr\left\{\frac{R}{n}-1.96\sqrt{\frac{p(1-p)}{n}} < p < \frac{R}{n}+1.96\sqrt{\frac{p(1-p)}{n}}\right\} = 0.95 \quad (2)$$

となる. (2)式は，"確率95% で，p は区間

$$\frac{R}{n} \pm 1.96\sqrt{\frac{p(1-p)}{n}}$$

の中にある"ということを示している。区間の限界に未知母数 p があるので，ここに p の推定量 $\dfrac{R}{n}$ を代入し，近似的に，p は確率 95% で，区間

$$\frac{R}{n} \pm 1.96\sqrt{\frac{R}{n}\left(1-\frac{R}{n}\right)\bigg/n} \quad (3)$$

の中にあると考えてよいであろう。

(3)式に，$n=3000$, $R=1083$ を代入すると

$$\frac{1083}{3000} \pm 1.96\sqrt{\frac{1083}{3000}\left(1-\frac{1083}{3000}\right)\bigg/3000}$$

$$= 0.361 \pm 1.96 \times 0.00877$$

$$= 0.361 \pm 0.017 = (0.344, 0.378)$$

であるから，M 内閣の支持率 p は，確率95% で，34.4% と 37.8%

の間であるとみてよい.

§4 推測と統計量の分布

統計的推測においてわれわれが使いうるものは1組の標本の値 $(x_1, x_2, \cdots, x_n)$ であり,推測においては,標本 $(x_1, x_2, \cdots, x_n)$ の関数である $\sum_i^n x_i$, $\frac{1}{n}\sum_i^n x_i$ などが用いられる.一般に,標本 $(x_1, x_2, \cdots, x_n)$ から計算される量を**統計量**とよぶ.したがって $\sum_i^n x_i$, $\frac{1}{n}\sum_i^n x_i$, $\frac{1}{n-1}\sum_i^n (x_i-\bar{x})^2$ などは統計量であり,標本から母集団への推測は統計量にもとづいてなされる.

例1 前節でとりあげた母集団比率 p をもつ2項母集団の p の推測の場合.

標本を $(x_1, x_2, \cdots, x_n)$ とする. p の点推定では $\frac{1}{n}\sum_i^n x_i$ の値を計算し,この値でもって p を推定している.仮説 $H_0 : p=0.43$ の検定および p の区間推定では $R=\sum_i^n x_i$ の値を使っている.──

標本の値 $(x_1, x_2, \cdots, x_n)$ は標本をとるたびごとに変わるから,統計量の値も標本ごとに変わる,つまり統計量は1つの分布をもつことになる.これを**統計量の分布**という.例えば, $\sum_i^n x_i$ の分布というのは, $\sum_i^n x_i$ の値は標本ごとに変動し,これがどんな変動をするのか,を示すものである.数学的には,統計量の分布とは,各標本の値 $x_1, x_2, \cdots, x_n$ が確率変数であるから,これの関数である統計量も確率変数であり,この確率変数の分布ということになる.

例2 母集団比率 p をもつ2項母集団からの大きさ n の標本を $(x_1, x_2, \cdots, x_n)$ とする.統計量 $\sum_i^n x_i$ ($=n$ 個中の数字1の個数)の分布は2項分布 $B(n, p)$ である.──

標本から母集団への推測は統計量にもとづいてなされる.したがって,いろいろな統計量を考え,それがどんな分布をするかということを知っておくことは重要である.しかしながら,統計量の分布

を求めることは全く数学の問題であり，統計学を実際問題に応用する立場からは，統計量の分布の求め方を知る必要はなく，その結果だけを利用すればよい．このことから本書では，統計量の分布については，必要に応じてその結果だけを天下り的に与え，それをもとに議論を展開していくという形式をとることにする．

第6章
検定・推定の考え方

統計的推測に際しては,仮説検定・点推定・区間推定の3つの方法が用いられる.前の章でこれらの方法の概要を説明したが,この章では,これらの方法の考え方を詳しく解説する.

§1 準備──統計量の分布

この章では,母標準偏差 σ の値がわかっている正規母集団 $N(\mu, \sigma^2)$ において,母平均 μ の推測問題をとりあげ,統計的推測の3つの方法──仮説検定,点推定,区間推定──の考え方を詳しく解説する.

まず,このような場面がどういった問題で起こるかを説明しよう.

例題1 昭和54年度の共通1次試験の全受験者約33万人の成績(1000点満点)は

$$\text{平均} = 636.07 \text{ 点}, \quad \text{標準偏差} = 134.28 \text{ 点}$$

と発表されている.

F高校生の学力が全国平均と比べてどうかを調べるため,F高校の3年生約400人の中からランダムに25人の学生を選び出し,彼等の共通1次試験の自己採点をもとに,25人の平均得点を計算してみると578.44点であった.F高校生の学力は全国平均より劣っているとみるべきであろうか.

解説 この問題は次のようにして統計的推測問題に定式化される.

全受験生の成績は正規分布にしたがうという数学的仮定をする(注1参照). ところで正規分布には2つの母数 μ, σ があり，これらの値を定めてやる必要がある. 後述するように(第6章§4, 第8章§2), 正規分布の平均 μ は標本平均，標準偏差 σ は標本標準偏差でそれぞれ推定されるから，発表されているデータを用いて

$$\mu = 636.07, \quad \sigma = 134.28$$

と考える. そうすると，全受験生の成績は正規分布 $N(636.07, (134.28)^2)$ にしたがっているということになる.

われわれの知りたいのは F 高校生の学力，つまり成績であるから，母集団は F 高校生全体である. ここでも，試験の成績は正規分布にしたがうという仮定をおくと，母集団分布は正規分布 $N(\mu, \sigma^2)$ となる. ここで母平均 μ, 母標準偏差 σ は共に未知であるが，話を簡単にするため，F 高校生の成績の分布の標準偏差 σ は全国のそれと同じであると仮定する. そうすると母集団分布は $N(\mu, (134.28)^2)$ ということになる. 未知母数 μ が F 高校生全体の平均得点を表わしており，μ が全国平均の 636.07 と異なるかどうか，もし異なるとしたら μ はどれぐらいであるか，といったことが解くべき問題である.

以上の定式化では，母集団と標本との関係は図1のようにな

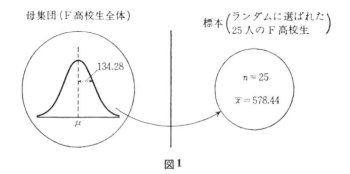

図1

§1 準備——統計量の分布

る．

正規母集団 $N(\mu, \sigma^2)$ の母平均 μ の推測に際しては，統計量の分布として次の事実を利用する．

定理1 正規母集団 $N(\mu, \sigma^2)$ からの大きさ n の標本を $(x_1, x_2, \cdots, x_n)$ とすると，標本平均 $\bar{x}$ は正規分布 $N\left(\mu, \dfrac{\sigma^2}{n}\right)$ にしたがう．

上の定理の結果を図示すると図2のようになる．ここで，標本平均 $\bar{x}$ のばらつきは個々のデータ x のばらつきより小さくなることに注意せよ．

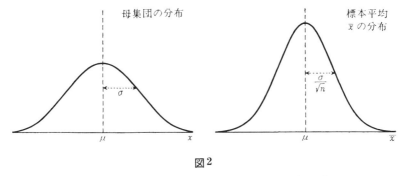

図2

定理2 母集団分布が正規分布でなくても，標本の大きさ n が，$n \geqq 5$ であれば，標本平均 $\bar{x}$ は**近似的に**正規分布 $N\left(\mu, \dfrac{\sigma^2}{n}\right)$ にしたがう．ここで μ, σ^2 は母集団分布の平均，分散である．

定理2は，母集団分布が何であっても，n が5以上であれば，標本平均 $\bar{x}$ の分布は正規分布になることを示している．この事実を確かめるために，次の2つの机上実験を行なってみる．

実験1 母集団分布は図3のような分布(三角分布とよばれる)とする．この母集団から，$n=5$, $n=10$, $n=20$ の標本をそれぞれ200組抽出し，各組の $\bar{x}$ の値を計算し，そのヒストグラムを作ってみると，それぞれ図4，図5，図6のようになる．母集団の分布は正規分布とはかなり違うが，$\bar{x}$ の分布は確かに正規分布に近い．$n=5$

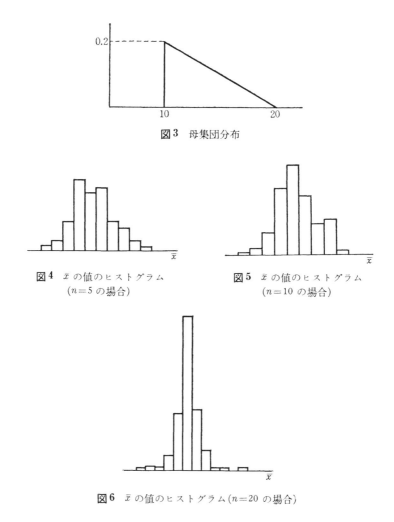

図3 母集団分布

図4 $\bar{x}$ の値のヒストグラム ($n=5$ の場合)

図5 $\bar{x}$ の値のヒストグラム ($n=10$ の場合)

図6 $\bar{x}$ の値のヒストグラム ($n=20$ の場合)

の場合でも，十分に正規分布に近いことに注意せよ．

実験2 母集団分布は図7のような分布であるとする．この母集団から，$n=5$, $n=10$, $n=20$ の標本をそれぞれ200組抽出し，各組の $\bar{x}$ の値のヒストグラムを書いてみると，図8，図9，図10の

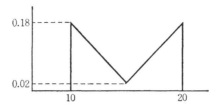

図7 母集団分布

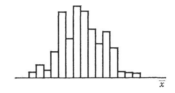

図8 $\bar{x}$ の値のヒストグラム ($n=5$ の場合)

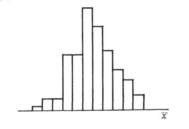

図9 $\bar{x}$ の値のヒストグラム ($n=10$ の場合)

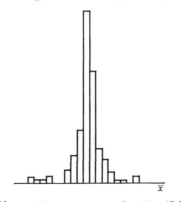

図10 $\bar{x}$ の値のヒストグラム ($n=20$ の場合)

ようになる．$\bar{x}$ の分布は，確かに正規分布に近い．

注1 実際には，共通1次試験の得点の分布は，正規分布とは少しずれた図11のような"負のゆがみ"をもったものである．しかし，ここでは話を簡単にするために正規分布の仮定をおいた．ところが，理論的には正規分布の仮定は必要ではない．その理由は，§2以降の議論でわかるように，母平均 μ の推測においては，標本平均 $\bar{x}$ の分布が正規分布 $N\left(\mu, \dfrac{\sigma^2}{n}\right)$ にしたがうという事実だけを使う．この事実は，定理2より，母集団分布が何であっても成立するからである．

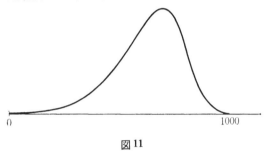

図11

§2 仮説検定の考え方

母集団分布の未知母数 θ (未知母数を，一般的には，記号 θ で表わす)について，例えば $\theta=17.5$ というような説——これを**仮説**とよぶ——を立て，この仮説が棄却されるかどうかを，この母集団からの標本にもとづいて判断するという推理の方法を**仮説検定**，またはただ単に**検定**という．そして，仮説を棄却するかしないかを決めることを，仮説を**検定する**という．

では，未知母数 θ に対して，どのような観点から $\theta=17.5$ という仮説を立てるのか．仮説の立て方を1つの例でもって説明しよう．

例1 例題1において，F高校の25人の平均得点は578.44点であったが，全国平均は636.07点である．このことから直ちに，F高校の学力は全国平均より劣ると断定してはいけない．F高校の

578.44 点というのは，たまたま標本として選ばれた 25 人の学生の平均点であり，もう一度 25 人をランダムに選んで平均得点を計算すると 630 点ぐらいになるかもわからないからである．別ないい方をすると，F 高校の平均点が全国平均と同じ 636.07 点であっても，ランダムに 25 人を選んだとき，彼等の平均点が 578.44 点ということはあり得るからである．

こういった推測の問題にぴったりとした手法が仮説検定である．例題 1 で説明したように，F 高校の学力が全国平均より劣るかどうか，または全国平均と違うかどうかということは，F 高校全体の平均得点 μ が全国平均の 636.07 と違うかどうかということである（図 1 参照）．このような問題に対しては，μ は 636.07 と違っていない，つまり $\mu=636.07$ という仮説を立てて，これを検定してみる．そして，この仮説が棄却されたとき，F 高校の学力は全国平均と違うと判断する．——

$\theta=17.5$ という仮説を

$$H_0: \theta=17.5$$

として表わす．ここで，H は仮説（hypothesis）の頭文字をとったものであるが，H の添字のゼロはあとで説明する（注 2）．

仮説検定の論理

仮説検定における判定は "仮説を棄却する"，"仮説を棄却しない（仮説を採択する）" のいずれかである．その判定をくだす仕方の論理は次のようなものである（図 12 参照）．

① 未知母数について仮説を立てる．これを H_0 とする．

② 仮説 H_0 が真であるとしたときの 1 つの理論的結論（演繹的結論）を出す．

③ 実験によって，② で得ている理論的結論に対する実験的結論を出す．

図12 仮説検定の論理

④ この実験的結論を，すでに得ている理論的結論と比べる．もし理論的結論と実験的結論とが食い違っていないならば，H_0 を疑う根拠はない．したがってこのときには，"H_0 を棄却しない"という判定をする．もし理論的結論と実験的結論とが食い違っているならば，H_0 を疑ってよい．したがってこのときには，"H_0 を棄却する"という判定をする．——

この論理が実際の仮説検定においてどのように使われるかを，母標準偏差 σ の値がわかっている正規母集団 $N(\mu, \sigma^2)$ において，母平均 μ についての仮説検定の場合で説明しよう．

母集団から大きさ n の標本 $(x_1, x_2, \cdots, x_n)$ を得ているとし，これをもとに仮説 H_0

$$H_0: \mu = \mu_0 \quad (\mu_0 \text{ は或る定まった数値})$$

の検定をすることを考える．前記の4項目と，実際の仮説検定の手順との対応をはっきりさせるために，4つを項目別に説明する．

① 未知母数は μ であり，μ についての仮説は $H_0: \mu = \mu_0$ である．

② H_0 が真であるとしたときの理論的結論は，或る統計量 $t(x_1, x_2, \cdots, x_n)$ がどんな分布をするか，ということである．

いまの場合では，標本平均 $\bar{x}$ は正規分布 $N\left(\mu, \dfrac{\sigma^2}{n}\right)$ にしたがって分布するから（§1の定理1参照），H_0 が真であるならば $\bar{x}$ は $N\left(\mu_0, \dfrac{\sigma^2}{n}\right)$ にしたがって分布することになる．これを標準化すると，$(\bar{x} - \mu_0) \Big/ \left(\dfrac{\sigma}{\sqrt{n}}\right)$ が $N(0, 1)$ にしたがって分布することになる（第4

章§8の定理1参照). 結局, H_0 が真であるとしたときの理論的結論は, $(\bar{x}-\mu_0)\Big/\left(\dfrac{\sigma}{\sqrt{n}}\right)$ が標準正規分布 $N(0,1)$ にしたがうということである. したがって, いまの場合, 統計量 $t(x_1, x_2, \cdots, x_n)$ は $(\bar{x}-\mu_0)\Big/\left(\dfrac{\sigma}{\sqrt{n}}\right)$ である.

③　実験的結論は, 実際に標本をとり, この標本から計算される ② で導入した統計量 $t(x_1, x_2, \cdots, x_n)$ の値である.

いまの場合では, 標本から計算した $(\bar{x}-\mu_0)\Big/\left(\dfrac{\sigma}{\sqrt{n}}\right)$ の値である.

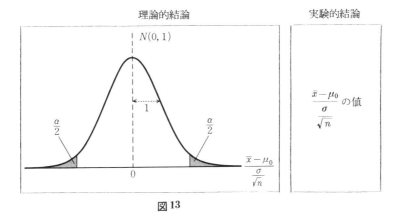

図 13

④　理論的結論と実験的結論とを比較するのであるが, 理論的結論は統計量 $(\bar{x}-\mu_0)\Big/\left(\dfrac{\sigma}{\sqrt{n}}\right)$ の'分布'であり, 実験的結論は標本から計算される統計量 $(\bar{x}-\mu_0)\Big/\left(\dfrac{\sigma}{\sqrt{n}}\right)$ の'値'である. つまり分布と1点とを比較しなければならない. その比較の考え方は, 現実に得られている統計量の値が, 分布図において起こりやすい値であるか, 非常に起こりにくい値であるかを見て, 非常に起こりにくい値であれば理論的結論と実験的結論とは食い違っていると判断し, H_0 を棄却するというものである.

具体的には, 或る小さい確率 α を考え, 分布図に, 起こる確率がたかだか α であるような領域を設定しておく(図 13 参照). こ

の領域を**棄却域**とよぶ．この棄却域は，H_0 が真であるならば，$(\bar{x}-\mu_0)\Big/\left(\dfrac{\sigma}{\sqrt{n}}\right)$ の値がこの棄却域の中に落ちる確率はたかだか α であって，この中に落ちることは殆どないという領域を表わしている．

したがって，現実に得られた標本から $(\bar{x}-\mu_0)\Big/\left(\dfrac{\sigma}{\sqrt{n}}\right)$ の値を計算し

 (i) $(\bar{x}-\mu_0)\Big/\left(\dfrac{\sigma}{\sqrt{n}}\right)$ の値が棄却域の中に落ちるときには，H_0 を棄却する．

 (ii) $(\bar{x}-\mu_0)\Big/\left(\dfrac{\sigma}{\sqrt{n}}\right)$ の値が棄却域の中に落ちないときには，H_0 を棄却しない．

という判定をする．判定の基準に用いられた小さい確率 α は**有意水準**または**危険率**とよばれる．α としては，普通，$\alpha=0.05$（または 0.01）が選ばれる．有意水準は，仮説 H_0 が真であるにもかかわらず，H_0 を棄却する確率となる．こうして得られる検定を**有意水準 α の検定**という．

いまの場合での有意水準 5% の検定は，棄却域を両側に設けることにすると

$$\left|\frac{\bar{x}-\mu_0}{\dfrac{\sigma}{\sqrt{n}}}\right| > 1.96 \quad \text{のとき } H_0 \text{ を棄却する} \tag{1}$$

$$\left|\frac{\bar{x}-\mu_0}{\dfrac{\sigma}{\sqrt{n}}}\right| \leqq 1.96 \quad \text{のとき } H_0 \text{ を棄却しない}$$

となる（図14参照）．

　仮説検定の判定は仮説を棄却する，仮説を棄却しないの2つであるから，検定方法を表わすには，仮説を棄却する条件——棄却域——だけを与えてやればよい．よって以後，検定方法を表わすのに

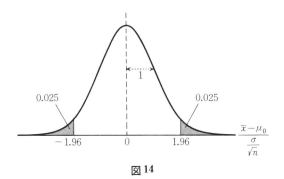

図 14

棄却域(これを記号 W で表わす)だけを与えていく．例えば，(1) の検定方法は次のように表わす．

$$W: \left|\frac{\bar{x}-\mu_0}{\frac{\sigma}{\sqrt{n}}}\right| > 1.96 \tag{2}$$

仮説検定において"仮説を棄却しない"というのは，仮説を棄却する根拠がないというだけであって，積極的に仮説が正しいということを主張するものではない(注 3 参照)．一般に，仮説が正しいということを示すには，さまざまな角度からの検討が必要となり，まず不可能に近い．これに対し，仮説が疑わしいということは，データを用いて容易に示すことができる．したがって仮説検定では'反証'の論理を使っているのである．このことから，仮説検定では，正しいと思っている命題を仮説に立てて検定をしても無意味であって，疑わしいと思っているものを仮説に立てて検定をするべきである．この意味において，検定しようとしている仮説 H_0 のことを**帰無仮説**という．有意水準 α を小さい値に選ぶ理由は，仮説検定が反証の論理を使っているということを考えると，容易に理解できるであろう．

仮説検定において，仮説 H_0 が有意水準 α の検定で棄却される

ときは,仮説 H_0 は有意水準 α で**有意である**といい,棄却されないときは,仮説 H_0 は有意水準 α で**有意でない**という.

注2 仮説を表わすのに,H_0 というように,H に添字ゼロをつけるのは,帰無仮説(null hypothesis)の null の意味を表わすためである,と考えておいてよい.

注3 この理由により,本書では'採択'という言葉を使わず,"仮説を棄却しない"という表現を用いている.しかし,多くの成書では,"仮説を棄却しない"という判定を"仮説を採択する"と表現している.

§3 検定における棄却域の選び方

前節において仮説検定の考え方をひと通り説明したが,数学的にはいくつかの問題点がある.そのうちの1つは,有意水準5%に対して棄却域をどこに設定するのがよいか,という問題である.前の例では,両側にそれぞれ確率2.5%の棄却域を設定したが,なぜ両側に設けたのか.どちらか一方の片側に確率5%の棄却域を設けてもよいではないか.また,まん中に確率5%の棄却域を設けてもよいではないか.どれも有意水準5%の検定になっている.このことは,有意水準5%の検定に対して,いろいろな検定法があることを示唆している.では,どの検定法がよいのか.

この問題に答えるためには,仮説検定における誤りを考える必要がある.仮説検定では2種類の誤りを犯す可能性がある.1つは,仮説が真であるにもかかわらず仮説を棄却する誤りであり,これを**第1種の誤り**とよぶ.いま1つは,仮説が誤っているにもかかわらず仮説を棄却しない誤りであって,これを**第2種の誤り**とよぶ.この2つは起こりうる誤りのすべてであり,仮説検定の判定は"仮説を棄却する,しない"のいずれかであるから,一方の誤りを犯すときは他方の誤りは犯さない.

この2つの誤りの両方がともに小さくなる検定法が望ましいものである．しかし，実は，この両方の誤りを同時に小さくすることはできなくて，一方を小さくしようとすればもう一方が大きくなるという性質をもっている．容易にわかるように，有意水準5%の検定では第1種の誤りの確率は5%である．したがって有意水準5%の検定では，第1種の誤りの確率を5%に歯止めをおいて判定を下していることになる．このことから，いろいろ考えられる有意水準5%の検定法のうち，どれがよいかという問題に対する答としては，第2種の誤りの確率が小さい検定法がよい，ということになる．

第2種の誤りという言葉の代りに，検出力という言葉を使うことが多い．**検出力**とは，第2種の誤りを犯さない確率，つまり

$$検出力 = 1 - (第2種の誤りの確率)$$

である．検出力は，仮説が誤っているとき仮説を棄却する確率となるから，検出力の言葉でいうと，検出力の大きい検定法がよいということになる．

話を，有意水準5%の検定において棄却域をどこに設けるのがよいか，という問題に戻す．前述の議論から，検出力が大きくなるように設けるのがよいことになる．検出力は，仮説 H_0 が誤っているときに H_0 を棄却する確率であるが，H_0 が誤っているという状態がいろいろあるので，検出力といっても簡単ではない．例えば，$H_0: \mu = \mu_0$ の検定では，真の μ が μ_0 と異なっていれば H_0 は誤っているのであるから，検出力をいうときには，$\mu = \mu_0 + 13$ のときの検出力とか，$\mu = \mu_0 + 28$ のときの検出力，…，というようないい方をしなければならない．検出力は真の μ の値が何であるかによって変わるから，検出力が大きくなるように棄却域を設けるといっても，"$\mu = \bigcirc\bigcirc$ のときの検出力を大きくするためには棄却域を $\triangle\triangle$ に設けるのがよい"という形にならざるを得ない．

そこで，検出力を考慮しての棄却域の設定に関しては次のような考え方をとる：前節の $H_0: \mu=\mu_0$ の検定の場合で説明する．帰無仮説 H_0 としては疑わしいと思っているものを立てているので，本当の μ の値は○○であろうというような μ の値の範囲をわれわれはもっているはずである．このような μ の値の範囲を**対立仮説**とよび，これを記号 H_1 で表わす．対立仮説は，もし H_0 が間違っていれば μ の値はこの範囲にある，というような μ の値の範囲であると考えておいてもよい．

いずれにせよ対立仮説は，標本を抽出する前に，問題に関する事前の情報を総合して，われわれが定めるものである．例えば，H_0 が間違っていれば，μ の値は μ_0 より小さいことはあり得ないということがわかっているならば，対立仮説 H_1 としては $H_1: \mu>\mu_0$ をとる．このような対立仮説を**右片側対立仮説**という．同様にして左片側対立仮説も考えられる．また，μ は μ_0 よりも大きいかも知れない，また小さいかも知れないというときには，対立仮説 H_1 として，$H_1: \mu\neq\mu_0$ をとる．これを**両側対立仮説**という．対立仮説としては，普通，$H_1:\mu>\mu_0$, $H_1:\mu<\mu_0$, $H_1:\mu\neq\mu_0$ の3種類で考えていく．そして，帰無仮説 H_0 に対して対立仮説を定め，この対立仮説のもとでの**検出力**ができるだけ大きくなるように，つまり対立仮説 H_1 が正しいとき帰無仮説 H_0 を棄却する確率ができるだけ大きくなるように棄却域を設定する．

前節の，$N(\mu, \sigma^2)$ における $H_0:\mu=\mu_0$ の検定をとりあげ，各対立仮説に対するよい検定法を導こう．有意水準は5%とする．

(i) $H_1: \mu>\mu_0$ の場合

H_1 が真であるとき，検出力が大きくなるように棄却域を設ける．それには，$\mu>\mu_0$ のとき，H_0 を棄却するチャンスが大きくなるように棄却域を設けてやればよい．$\mu>\mu_0$ のときには $\bar{x}$ は大きい値

§3 検定における棄却域の選び方

をとりやすい.したがって $(\bar{x}-\mu_0)\Big/\left(\dfrac{\sigma}{\sqrt{n}}\right)$ も大きい値をとりやすい.このことから,$(\bar{x}-\mu_0)\Big/\left(\dfrac{\sigma}{\sqrt{n}}\right)$ が大きい値のとき H_0 を棄却するようにしておけばよい.つまり 5% 分の棄却域は全部右側に設けておけばよい.よって検定法として

$$W : \frac{\bar{x}-\mu_0}{\dfrac{\sigma}{\sqrt{n}}} > 1.645 \qquad (1)$$

をとる(図 15 参照).この検定法は,棄却域が右側だけにあることから,**右片側検定**とよばれる.

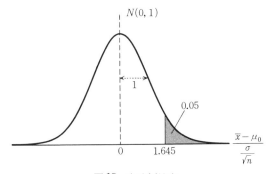

図 15 右片側検定

(ii) $H_1 : \mu < \mu_0$ の場合

(i) と同じ考え方により,検定法として

$$W : \frac{\bar{x}-\mu_0}{\dfrac{\sigma}{\sqrt{n}}} < -1.645 \qquad (2)$$

をとる.この検定法は**左片側検定**とよばれる.

(iii) $H_1 : \mu \neq \mu_0$ の場合

(i),(ii) より,$H_1 : \mu > \mu_0$ に対しては棄却域を右側に設けるのがよく,$H_1 : \mu < \mu_0$ に対しては棄却域を左側に設けるのがよいことになった.したがって $H_1 : \mu \neq \mu_0$ の場合には,$\mu > \mu_0$,$\mu < \mu_0$ のどち

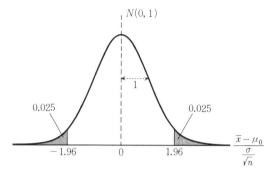

図16 両側検定

らであってもよいようにという妥協的な考え方から,棄却域を半分ずつ両側に設けるのがよいであろう.よって検定法として

$$W : \left|\frac{\bar{x}-\mu_0}{\frac{\sigma}{\sqrt{n}}}\right| > 1.96 \tag{3}$$

をとる(図16参照).この検定法は**両側検定**とよばれる.

右片側対立仮説 $H_1 : \mu > \mu_0$ に対する右片側検定の検出力を計算し,それをグラフにすると(これは検出力曲線とよばれる)図17のようになる.これからわかるように,右片側検定は,μ が μ_0 より

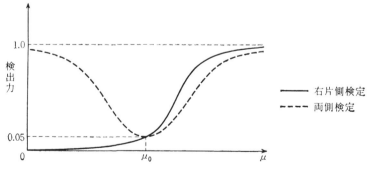

図17 右片側検定と両側検定の検出力曲線

大きいときには検出力は大きいが，μ が μ_0 よりも小さいときは検出力は殆ど 0 である．このことは，μ が μ_0 より小さいとき，仮説 $H_0: \mu = \mu_0$ は間違っているが，殆ど確実に H_0 を棄却しないという全く妙なことをすることになる．したがって，右片側対立仮説を設定して右片側検定を使ってよい場合は

① μ が μ_0 より小さいということはあり得ない．

② μ が μ_0 より小さいとき，仮説 H_0 はもちろん間違っているが，仮説 H_0 を棄却しなくてもかまわない．（換言すれば，μ が μ_0 より大きいときだけ H_0 を棄却してくれればよい．）

のいずれかの場合である．

左片側検定についても，右片側検定の結果を逆にした同様なことがいえる．

このように片側検定は危険な面をもっているので，これを使う場合には細心の注意を払う必要がある．一方，両側検定の検出力曲線は図 17 のようになり，片側だけを見れば検出力は片側検定よりもやや落ちるが，真の μ の値が，$\mu > \mu_0$, $\mu < \mu_0$ のいずれであっても或る程度の検出力をもっている．このことから，片側検定の使用に自信がある場合を除いては，無難であり，また検出力もさほど悪くない両側検定を使うようにすればよい．

例題 2 例題 1 において，F 高校生の学力は全国平均より劣っているかどうかを調べてみよう．

解説 例題 1 および §2 の例 1 で解説したように，この問題は，母平均 μ が全国平均の 636.07 点と異なるかどうかということである．したがって，μ は 636.07 に等しい，という帰無仮説を立てて検定をしてみればよい．よって

$H_0: \mu = 636.07$ （F 高校生の学力は全国平均と同じである）

とする．次に対立仮説を設定しなければならない．F 高校生が全国

平均と比べて優れているとか劣っているとかの事前情報はない。つまり，F高校生の学力は全国平均より上かもわからないし，また下かもしれないという両方の可能性がある．よって

$$H_1: \mu \neq 636.07$$

とするのが妥当である(注4参照)．

したがって検定方法として(3)式を使う．

$$\left|\frac{\bar{x}-\mu_0}{\frac{\sigma}{\sqrt{n}}}\right| = \left|\frac{578.44-636.07}{\frac{134.28}{\sqrt{25}}}\right| = 2.146$$

この値は 1.96 より大きいから，仮説 H_0 は棄却される(有意水準5%)．これより，F高校生の学力は全国平均とは異なると判断される．では，全国平均より優れているのか，劣っているのか？ これは推定の問題であり，あとでまたとりあげる．

注4 いま得ている標本から計算される平均($\bar{x}$) 578.44 は全国平均の 636.07 よりも小さいから，μ は 636.07 より小さいのではないかという疑いが持たれる．この理由により，対立仮説 H_1 として，$H_1: \mu<636.07$ を選ぶのは正しくない．その理由は，$\bar{x}$ の値が 636.07 より小さくても，母平均 μ は 636.07 より大きいということはあり得るからである．

対立仮説を設定する際には，検定のために現在得ているデータを使ってはいけない．対立仮説は事前の情報，あるいはわれわれの推測の目的にもとづいて設定するものである．

§4 点推定の考え方

母集団分布の未知母数 θ を1つの数値でもって推定する方法を**点推定**という．

点推定の考え方を，母標準偏差 σ の値がわかっている正規母集団 $N(\mu, \sigma^2)$ において，母平均 μ の点推定を例にして説明しよう．

大きさ n の標本 $(x_1, x_2, \cdots, x_n)$ をもとにして母平均 μ を推定する

§4 点推定の考え方

方法はいろいろある．例えば，標本平均 $\bar{x}$ を計算し，この値でもって μ を推定することも考えられるし，標本中央値 $\tilde{x}$ を計算し，この値でもって μ を推定することも考えられる．したがって，これらのうちどの方法がよいかということが起こる．$\bar{x}, \tilde{x}$ などは標本 $(x_1, x_2, \cdots, x_n)$ の関数，つまり統計量であるから，結局，点推定の問題は，μ を推定するのにどんな統計量 $t(x_1, x_2, \cdots, x_n)$ を使うのがよいかということになる．統計量が推定のために用いられるとき，これを**推定量**とよぶ．

この問題はそう簡単ではない．得られている標本の値により，標本平均 $\bar{x}$ のほうがよかったり，標本中央値 $\tilde{x}$ のほうがよかったりするからである．例えば，$n=3$ の標本を抽出したとき，3個の中央値がちょうど母平均 μ の値であるということはあり得て，この場合には標本中央値 $\tilde{x}$ でもって μ を推定するほうがよいであろう．そこで推定量のよしあしには，"平均的に"どれがよいか，という立場をとらざるをえない．$\bar{x}$ も $\tilde{x}$ も統計量であるからいずれも分布をもつ．"平均的に"どちらがよいか，ということを，"分布として"どちらがよいか，ということに置き換える．実は，$\bar{x}, \tilde{x}$ の分布は大体図18のようになる．$\bar{x}, \tilde{x}$ の平均値（期待値）はいずれも μ,

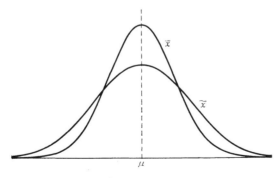

図 18　$\bar{x}$ と $\tilde{x}$ の分布

つまり
$$E(\bar{x}) = \mu, \quad E(\tilde{x}) = \mu$$
であって，$\bar{x}, \tilde{x}$ はどちらも μ を中心として分布しており，$\tilde{x}$ のほうが μ の回りにばらつきが大きく分布している．このことは，$\tilde{x}$ は μ からかなり離れた値をとることがあることを示す．そうすると，μ を推定するには $\tilde{x}$ よりも $\bar{x}$ のほうがよいことになる．この考え方を一般的にいうと，μ の望ましい推定量は，その分布が μ の回りにばらつき(分散または標準偏差)が小さく分布しているものである，ということになる．

推定量 $t(x_1, x_2, \cdots, x_n)$ の期待値が μ，つまり
$$E\{t(x_1, x_2, \cdots, x_n)\} = \mu$$
であるとき，$t(x_1, x_2, \cdots, x_n)$ は μ の**不偏推定量**とよばれる．これは言葉通り，かたよりのない推定量という意味である．

前述の考え方から，点推定では，推定量は不偏推定量に限定し，この中で分散(または標準偏差)が小さいものほどよい，という立場をとる．不偏推定量の中で，分散が最小である推定量は**不偏最小分散推定量**とよばれる．

正規母集団 $N(\mu, \sigma^2)$ において，母平均 μ の不偏最小分散推定量は標本平均 $\bar{x}$ であることが示されているので，μ の推定には $\bar{x}$ を用いる．§1の定理1より，μ の推定量 $\bar{x}$ は正規分布をし，平均と標準偏差は

$$\begin{aligned} E(\bar{x}) &= \mu \\ D(\bar{x}) &= \frac{\sigma}{\sqrt{n}} \end{aligned} \quad (1)$$

である(図19参照)．このことは，標本平均 $\bar{x}$ の値でもって μ を推定すると，推定値は真の値 μ の回りに標準偏差 $\frac{\sigma}{\sqrt{n}}$ でばらつくことをわれわれに教えてくれる．したがって，標本の大きさ n を大

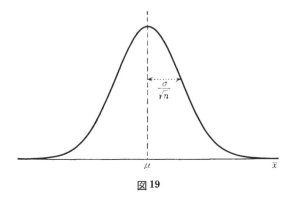

図19

きくしてやると，$\frac{\sigma}{\sqrt{n}}$ が小さくなり，$\bar{x}$ の値は μ に近くなる，つまり推定値の精度がよくなることがわかる．

このことから，$\bar{x}$ でもって μ を推定したときの推定値の精度を評価することができる．また逆に，推定値の精度を指定して，必要となる標本の大きさを決めることもできる．この考え方を例で示そう．

例題3 母標準偏差 $\sigma=4.5$ がわかっている正規母集団 $N(\mu, (4.5)^2)$ において，母平均 μ を推定したい．$n=15$ の標本を抽出し，標本平均 $\bar{x}=82.7$ が得られた．μ を推定せよ．その推定値の誤差はどれぐらいと考えられるか．

解説 μ は $\bar{x}$ でもって推定されるから
$$\hat{\mu} = \bar{x} = 82.7$$
である(注5参照)．

推定値82.7には，当然のことながら，誤差がある．その誤差の大きさについては次のように考えることができる．(1)式より，推定量 $\bar{x}$ は，平均 μ，標準偏差 $\frac{\sigma}{\sqrt{n}}=\frac{4.5}{\sqrt{15}}=1.16$ の正規分布にしたがうから，正規分布の性質より，推定値 $\bar{x}$ は，確率95%で，区間
$$\mu \pm 2 \times 1.16$$

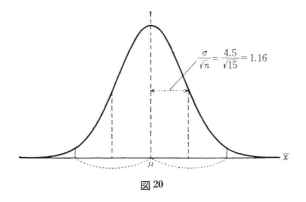

図 20

の中の値をとる(図20, 注6参照). このことから, 推定値82.7 はこの区間の中にあると考えられ, 推定値82.7の誤差は, 確率95%で, 2×1.16＝2.32以下であるとみてよい.

注5 μ の推定値を $\hat{\mu}$ と書くことがある. つまり, "^" は推定値を表わす記号として用いられる.

注6 厳密にいうと, 2×1.16 ではなくて 1.96×1.16 である. しかし実用的には, 1.96 の代りに2を用いてよい.

例題4 例題3において, 母平均 μ の推定値の誤差を, 確率95%で, 1.5以下にしたい. このためには標本の大きさ n をいくらにしなければいけないか.

解説 図20より, 推定値 $\bar{x}$ の誤差を, 確率95%で, 1.5以下にするためには

$$2\frac{\sigma}{\sqrt{n}} \leqq 1.5 \tag{2}$$

でなければいけない. いま $\sigma=4.5$ であるから, (2)式は

$$2\frac{4.5}{\sqrt{n}} \leqq 1.5$$

となる. これより

$$n \geqq \left(2 \cdot \frac{4.5}{1.5}\right)^2 = 36$$

となる．よって標本の大きさ n は 36 以上でなければいけない．

例題5 例題2において，F 高校生の学力は全国平均とは異なるということになった．では，F 高校は全国平均より優れているのか，劣っているのか．

解説 検定の結果，F 高校の平均学力を表わす μ は，全国平均の 636.07 ではないということになった．では，μ の値は 636.07 より大きいのか小さいのか，μ の値はいくらぐらいであるか，こういった判断のための手法が点推定である．

μ の点推定をしてみる．

$$\hat{\mu} = \bar{x} = 578.44$$

であるから，F 高校生の平均得点は 578.44 と推定され，F 高校は全国平均よりも学力が劣っていると考えてよい．

§5 区間推定の考え方

母集団分布の未知母数を θ とする．点推定では，θ を1つの値でもって推定するが，その際，推定値が完全に正しいということは期待するほうが無理であって，θ の真の値はこの推定値の近くの値であるという意味にしか考えられない．それならばむしろ，"母数 θ の真の値はこの区間の中にある"といった推論をしたほうが実際的であるかも知れない．標本から区間を作り，母数 θ の真の値はこの区間の中にある，というような推論を**区間推定**という．

標本をもとに，未知母数 θ は，絶対間違いなくこの区間の中にあるというような区間を定めることは不可能であるということをまず注意しておく．θ は区間 $(-\infty, +\infty)$ の中にあるといえば，もちろん完全に正しいが，これは何の情報も提供していない．

区間は標本から求めるのであるから,区間は標本ごとに変動し,その区間が母数 θ の真の値を含まないこともあるであろう.しかし,このようなやり方をするとき,母数 θ の真の値がこの区間に含まれている確率は一定に保証したい.作られた区間が母数 θ の真の値を含む確率を**信頼度**または**信頼係数**といい,作られた区間を**信頼区間**という.信頼度は,普通,95% にとる.信頼度 95% の信頼区間のことを,単に,95% 信頼区間ということがある.

信頼区間の作り方を,母標準偏差 σ の値がわかっている正規母集団 $N(\mu, \sigma^2)$ において,母平均 μ の信頼区間を求める場合で説明しよう.

母集団から大きさ n の標本 $(x_1, x_2, \cdots, x_n)$ を得ているとする.標本平均 $\bar{x}$ は $N\left(\mu, \dfrac{\sigma^2}{n}\right)$ にしたがって分布するから(§1 の定理 1 参照),これを標準化した $(\bar{x}-\mu)\left/\left(\dfrac{\sigma}{\sqrt{n}}\right)\right.$ は標準正規分布 $N(0,1)$ にしたがって分布する.したがって正規分布の性質から

$$\Pr\left\{-1.96 < \frac{\bar{x}-\mu}{\dfrac{\sigma}{\sqrt{n}}} < 1.96\right\} = 0.95 \qquad (1)$$

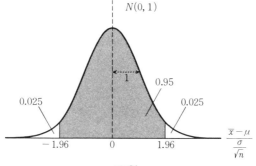

図 21

が得られる(図21参照).(1)式の左辺の括弧内の不等式を変形することにより,(1)式を次のように書くことができる.

$$\Pr\left\{\bar{x}-1.96\frac{\sigma}{\sqrt{n}}<\mu<\bar{x}+1.96\frac{\sigma}{\sqrt{n}}\right\}=0.95 \qquad (2)$$

(2)式は,μの信頼度95%の信頼区間が

$$\left(\bar{x}-1.96\frac{\sigma}{\sqrt{n}},\ \bar{x}+1.96\frac{\sigma}{\sqrt{n}}\right) \qquad (3)$$

で与えられることを示している.今の場合,σの値はわかっているとしているから,(3)式を用いて,標本から信頼区間を計算することは可能である.

注7 信頼区間を与える(3)式を,$\bar{x}\pm1.96\frac{\sigma}{\sqrt{n}}$ と書くことがある.

例題6 例題2において,F高校生の学力を表わすμは,全国平均である636.07とは異なっていると判断された.ではμの値はいくらぐらいと考えられるか.μの95%信頼区間を求めてみよう.

解説 (3)式において,$\sigma=134.28$,$n=25$,$\bar{x}=578.44$ であるから

$$\bar{x}\pm1.96\frac{\sigma}{\sqrt{n}}=578.44\pm1.96\times\frac{134.28}{\sqrt{25}}$$

$$=(525.80,\ 631.08)$$

よってμは,信頼度95%で,区間(525.80, 631.08)の中にあるとみてよい.全国平均の636.07はこの区間の上限よりも大きい値であることに注目せよ.──

例題2,例題5および例題6は,1つの問題の統計的推測を取り扱ったものである.これからわかるように,統計的推測ではまず検定を行ない,次に点推定または区間推定をすることが多い.

最後に信頼度の意味についての注意をしておく.μが区間 $\bar{x}\pm1.96\frac{\sigma}{\sqrt{n}}$ の中に含まれる確率が0.95である,という意味を正しく理

解しておく必要がある．μ は未知ではあるが1つの定まった値であるから，標本から(3)式によって区間を作れば，この区間は μ の真の値を含んでいるかいないかのいずれかである．標本を何組も抽出して，この公式によって信頼区間を作れば，区間が μ の真の値を含んでいる場合もあれば，含んでいない場合もあろう(図22参照)．しかし，真の μ の値を含んでいる区間の割合は信頼度の値 0.95 である．これが信頼度95％の意味である

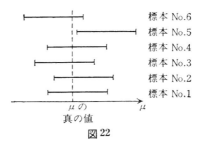

図22

例題6の場合で説明すると，$n=25$ の標本から求めた μ の95％信頼区間 (525.80, 631.08) は，合っているか，間違っているかのどちらかであり，合っている確率が95％というものではない．信頼度95％という保証は，100回使えば95回は合うという公式を用いて求めたものであるから，現実に1組の標本から求めた信頼区間は，多分合っているであろう，という形のものである．

練習問題 6

1. 有罪，無罪の判定をする裁判には2つの誤りがある．これと，仮説検定における2つの誤り，第1種の誤りと第2種の誤りとの関係を考えてみよ．

2. 第4章の例題9において，この工場の製品から取り出された3枚の鉄板の厚さの平均値が規格内にある確率を求めよ．

第7章
カイ2乗分布, t 分布, F 分布

　第5章および第6章を通して,統計的推論においては統計量の分布が重要な役割を演ずるということ,をよく理解してもらえたと思う.これから先,いろいろな問題の推論をするのに,あらたにカイ2乗分布, t 分布, F 分布という3つの分布が必要となる.そこでこの章では,これらの分布についての説明をしておく.

　これらの分布は統計的推測のための**手段**として導入されたものであるから,これらについては,定義,確率密度関数のグラフ,パーセント点の求め方だけをしっかり頭に入れておけばよい.もっと大胆にいうと,パーセント点だけが求められればよい,ということもできる.

§1 カイ2乗分布

確率密度関数が

$$f(x) = \begin{cases} \dfrac{1}{2\Gamma\left(\dfrac{\phi}{2}\right)} e^{-\frac{x}{2}} \left(\dfrac{x}{2}\right)^{\frac{\phi}{2}-1}, & 0 < x \\ 0, & x \leqq 0 \end{cases} \tag{1}$$

で与えられる分布を自由度 ϕ の**カイ2乗分布**とよぶ.ここで Γ は

$$\Gamma(p) = \int_0^\infty x^{p-1} e^{-x} dx \qquad (p > 0)$$

で定義されるガンマ関数を表わす記号である.

カイ2乗分布の母数は自由度 ϕ であり,ϕ は $1, 2, \cdots$ の値をとる.自由度 ϕ のいろいろな値に対するカイ2乗分布の確率密度関数のグラフは図1のようになる.

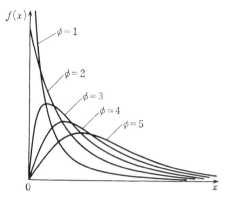

図1 カイ2乗分布の確率密度関数

自由度 ϕ のカイ2乗分布の平均と標準偏差は
$$E(x) = \phi \tag{2}$$
$$D(x) = \sqrt{2\phi} \tag{3}$$
である.

x が自由度 ϕ のカイ2乗分布にしたがうとき

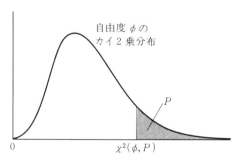

図2 カイ2乗分布の上側 $100P\%$ 点

§1 カイ2乗分布

$$\Pr\{x > \chi^2(\phi, P)\} = P \qquad (4)$$

によって $\chi^2(\phi, P)$ を定義し, $\chi^2(\phi, P)$ を, 自由度 ϕ のカイ2乗分布の上側 $100P\%$ 点とよぶ(図2参照). $\chi^2(\phi, P)$ を求める表が付録の付表4に与えてある. 付表4は, ϕ, P を与えて $\chi^2(\phi, P)$ を求める表になっている.

例1 付表4より

$$\chi^2(9, 0.05) = 16.92, \qquad \chi^2(20, 0.95) = 10.85$$

が得られる. これを図示すると

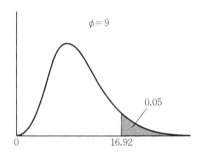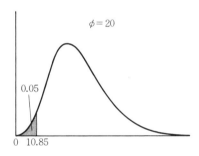

となる.

定理1 $u_1, u_2, \cdots, u_k$ が互いに独立に標準正規分布 $N(0,1)$ にしたがう確率変数であるならば,

$$x = u_1^2 + u_2^2 + \cdots + u_k^2$$

は自由度 k のカイ2乗分布にしたがって分布する.

この定理の証明は省略するが, 定理1はカイ2乗分布の定義であると考えておいてよい. つまりカイ2乗分布は, 標準正規分布 $N(0,1)$ にしたがう確率変数の2乗の和の分布であり, その個数がカイ2乗分布の自由度なのである.

定理2 (i) 標準正規分布 $N(0,1)$ にしたがう確率変数を u とすると, u^2 は自由度1のカイ2乗分布にしたがう.

(ii) 自由度 ϕ_1 のカイ 2 乗分布にしたがう確率変数を x_1, 自由度 ϕ_2 のカイ 2 乗分布にしたがう確率変数を x_2 とし, x_1 と x_2 とは互いに独立とする. そうすると,

$$x_1+x_2$$

は自由度 $\phi_1+\phi_2$ のカイ 2 乗分布にしたがう.

証明 (i) 定理 1 において, $k=1$ とおけばよい.

(ii) 定理 1 より, x_1 は $N(0,1)$ にしたがう確率変数 ϕ_1 個の 2 乗の和として表わされ, x_2 は $N(0,1)$ にしたがう確率変数 ϕ_2 個の 2 乗の和として表わされることになる. したがって x_1+x_2 は, これらの $(\phi_1+\phi_2)$ 個の 2 乗の和として表わされるので, 再び定理 1 より, x_1+x_2 は自由度 $\phi_1+\phi_2$ のカイ 2 乗分布にしたがう.

§2 t 分布

確率密度関数が

$$f(x) = \frac{1}{\sqrt{\phi\pi}} \frac{\Gamma\left(\dfrac{\phi+1}{2}\right)}{\Gamma\left(\dfrac{\phi}{2}\right)} \left(1+\frac{x^2}{\phi}\right)^{-\frac{\phi+1}{2}}, \quad -\infty < x < \infty \quad (1)$$

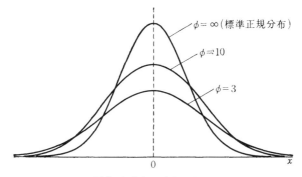

図3 t 分布の確率密度関数

§2 t 分布

で与えられる分布を自由度 ϕ の **t 分布** とよぶ. t 分布の母数は自由度 ϕ であり, ϕ は 1, 2, 3, … の値をとる.

自由度 ϕ のいろいろな値に対する t 分布の確率密度関数のグラフを図3に示す. 自由度 $\phi = \infty$ に対する t 分布は標準正規分布であり, t 分布は自由度が大きくなるにしたがって, 標準正規分布に近づく. また, t 分布の確率密度関数のグラフは直線 $x = 0$ に関して左右対称であることを注意しておく.

自由度 ϕ の t 分布の平均と標準偏差は

$$E(x) = 0 \qquad (\phi > 1) \qquad (2)$$

$$D(x) = \sqrt{\frac{\phi}{\phi - 2}} \qquad (\phi > 2) \qquad (3)$$

である.

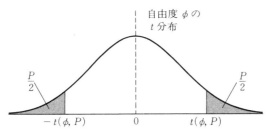

図4 t 分布の両側 $100P\%$ 点

x が自由度 ϕ の t 分布にしたがうとき, $t(\phi, P)$ を

$$\Pr\{|x| > t(\phi, P)\} = P \qquad (4)$$

として定義し, $t(\phi, P)$ を自由度 ϕ の t 分布の両側 $100P\%$ 点とよぶ(図4参照). ϕ と P とを与えて $t(\phi, P)$ を求める表が付録の付表3にある.

例1 付表3より

$$t(9, 0.05) = 2.262, \qquad t(15, 0.01) = 2.947$$

が得られる. これを図示すると次のページのようになる.

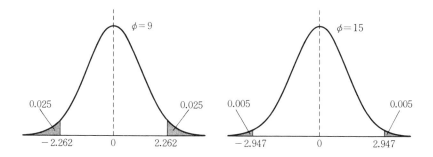

定理3 u は標準正規分布にしたがう確率変数, v は自由度 ϕ のカイ2乗分布にしたがう確率変数とし, u と v とが独立であるならば,

$$x = \frac{u}{\sqrt{v/\phi}}$$

は自由度 ϕ の t 分布にしたがう.

この定理3は t 分布の定義であると考えておいてよい.

§3 F 分布

確率密度関数が

$$f(x) = \begin{cases} \dfrac{\Gamma\left(\dfrac{\phi_1+\phi_2}{2}\right)}{\Gamma\left(\dfrac{\phi_1}{2}\right)\Gamma\left(\dfrac{\phi_2}{2}\right)}\left(\dfrac{\phi_1}{\phi_2}\right)^{\frac{\phi_1}{2}} x^{\frac{\phi_1}{2}-1}\left(1+\dfrac{\phi_1}{\phi_2}x\right)^{-\frac{\phi_1+\phi_2}{2}}, & 0 < x \\ 0, & x \leq 0 \end{cases} \quad (1)$$

で与えられる分布を自由度 (ϕ_1, ϕ_2) の **F 分布** とよぶ. F 分布の母数は2つの自由度 ϕ_1, ϕ_2 であり, ϕ_1, ϕ_2 はそれぞれ $1, 2, 3, \cdots$ の値をとる.

F 分布の確率密度関数のグラフを図5に示す. 図5からもわかるように, 2つの自由度の順序は大切である.

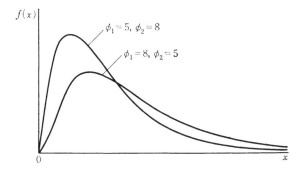

図5　F 分布の確率密度関数

x が自由度 (ϕ_1, ϕ_2) の F 分布にしたがうとき，$F(\phi_1, \phi_2 ; P)$ を
$$\Pr\{x > F(\phi_1, \phi_2 ; P)\} = P \tag{2}$$
として定義し，$F(\phi_1, \phi_2 ; P)$ を自由度 (ϕ_1, ϕ_2) の F 分布の上側 $100P$ % 点とよぶ(図6 参照)．ϕ_1, ϕ_2, P を与えて $F(\phi_1, \phi_2 ; P)$ を求める表

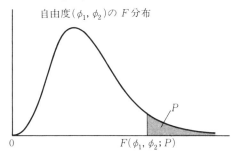

図6　F 分布の上側 $100P$ % 点

が付録の付表5にある．ただし，付表には P としては 0.50 以下のものしか用意されていない．0.50 を越える P に対しては次の関係式
$$F(\phi_1, \phi_2 ; P) = \frac{1}{F(\phi_2, \phi_1 ; 1-P)} \tag{3}$$
から求めてやればよい(注1参照)．

例1　付表5より

$$F(5, 10\,;0.05) = 3.33$$
$$F(6, 10\,;0.975) = \frac{1}{F(10, 6\,;0.025)} = \frac{1}{5.46} = 0.183$$

が得られる．これを図示すると

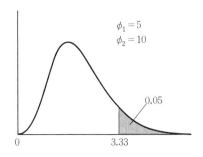
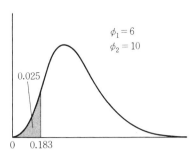

となる．

定理 4 v_1, v_2 をそれぞれ自由度 ϕ_1, ϕ_2 のカイ 2 乗分布にしたがう独立な確率変数とするとき，

$$x = \frac{v_1/\phi_1}{v_2/\phi_2}$$

は自由度 (ϕ_1, ϕ_2) の F 分布にしたがう．

定理 4 は F 分布の定義であると考えておいてよい．

注 1 (3) 式の証明．

x を自由度 (ϕ_1, ϕ_2) の F 分布にしたがう確率変数とすると
$$\Pr\{x > F(\phi_1, \phi_2\,;P)\} = P.$$
これより
$$\Pr\{x \leqq F(\phi_1, \phi_2\,;P)\} = 1 - P$$
が得られる．これは
$$\Pr\left\{\frac{1}{x} \geqq \frac{1}{F(\phi_1, \phi_2\,;P)}\right\} = 1 - P$$
と同値である．一方，定理 4 より，$\dfrac{1}{x}$ は自由度 (ϕ_2, ϕ_1) の F 分布にしたがうから

$$\frac{1}{F(\phi_1,\phi_2;P)} = F(\phi_2,\phi_1;1-P)$$

でなければならない．よって(3)式が得られる．

練習問題 7

1. u を標準正規分布 $N(0,1)$ にしたがう確率変数とするとき，u^2 は自由度1のカイ2乗分布にしたがうから(定理2(i))，標準正規分布のパーセント点とカイ2乗分布のパーセント点との間には
$$[u(P)]^2 = \chi^2(1,P)$$
という関係がある．このことを確かめてみよ．

2. x を自由度 ϕ の t 分布にしたがう確率変数とすると，x^2 は自由度 $(1,\phi)$ の F 分布にしたがうことを示せ．

3. 前問の事実から，t 分布のパーセント点と F 分布のパーセント点との間には
$$[t(\phi,P)]^2 = F(1,\phi;P)$$
という関係がある．このことを確かめてみよ．

第8章
正規母集団の推測

　この章では，母集団の分布が正規分布にしたがう場合をとりあげ，母平均や母分散の推測方法を与える．母集団分布が正規分布であるという仮定は数学的なものであり，実際問題への応用に際しては，この仮定をあまり厳密に考える必要はない．母集団のデータのヒストグラムが，大体において，正規分布のような形をしているという程度に考えておいてよい.

　§1は，この章で使う統計量の分布についての結果をまとめたものである．この節は，最初はザッーと読んでおき，必要に応じて読み返す，というように利用してもらえばよい．

§1 準備——統計量の分布

　ここでは，この章で用いる統計量の分布についての結果をまとめておく．

　(1) 正規母集団 $N(\mu, \sigma^2)$ から大きさ n の標本 $(x_1, x_2, \cdots, x_n)$ を得ているとし，統計量

標本平均　　　$\bar{x} = \dfrac{1}{n} \sum\limits_{i}^{n} x_i$

平方和　　　$S = \sum\limits_{i}^{n} (x_i - \bar{x})^2$

標本分散　　　$s^2 = \dfrac{1}{n-1} S$

§1 準備——統計量の分布

標本標準偏差　　$s = \sqrt{s^2}$

を考える．

(i) $\bar{x}$ は正規分布 $N\left(\mu, \dfrac{\sigma^2}{n}\right)$ にしたがう．

(ii) S, s^2, s の分布は簡単な式では表わせないが，平均と標準偏差はそれぞれ次のようになる．平方和 S については

$$E(S) = (n-1)\sigma^2 \tag{1}$$

$$D(S) = \sqrt{2(n-1)}\,\sigma^2 \tag{2}$$

である．標本分散 s^2 については

$$E(s^2) = \sigma^2 \tag{3}$$

$$D(s^2) = \sqrt{\dfrac{2}{n-1}}\,\sigma^2 \tag{4}$$

である．標本標準偏差 s については

$$E(s) = c_2{}^*\sigma \tag{5}$$

$$D(s) = c_3{}^*\sigma \tag{6}$$

である．ただし，$c_2{}^*, c_3{}^*$ は標本の大きさ n に関係する定数で

表 1

n	$c_2{}^*$	$c_3{}^*$
2	0.798	0.603
3	0.886	0.463
4	0.921	0.389
5	0.940	0.341
6	0.952	0.308
7	0.959	0.282
8	0.965	0.262
9	0.969	0.246
10	0.973	0.232
$n \to \infty$	$1 - \dfrac{1}{4n}$	$\dfrac{1}{\sqrt{2n}}$

$$c_2{}^* = \sqrt{\frac{2}{n-1}}\,\Gamma\!\left(\frac{n}{2}\right)\Big/\Gamma\!\left(\frac{n-1}{2}\right)$$

$$c_3{}^* = \sqrt{1-c_2{}^{*2}}$$

である. $c_2{}^*, c_3{}^*$ の値については表1を参照.

(iii) $\dfrac{S}{\sigma^2}$ は自由度 $(n-1)$ のカイ2乗分布にしたがう.

(iv) $\bar{x}$ と S とは互いに独立である.

(v) $(\bar{x}-\mu)\Big/\sqrt{\dfrac{s^2}{n}}$ は自由度 $(n-1)$ の t 分布にしたがう.

解説 (i) より, $\bar{x}$ は $N\!\left(\mu, \dfrac{\sigma^2}{n}\right)$ にしたがうから, これを標準化した $(\bar{x}-\mu)\Big/\sqrt{\dfrac{\sigma^2}{n}}$ は標準正規分布 $N(0,1)$ にしたがう. 一方, (iii) より S/σ^2 は自由度 $(n-1)$ のカイ2乗分布にしたがい, (iv) より $\bar{x}$ と S とは互いに独立である. そうすると t 分布の性質 (第7章の定理3) によって

$$\frac{\bar{x}-\mu}{\sqrt{\dfrac{\sigma^2}{n}}}\Big/\sqrt{\frac{S}{n-1}\cdot\frac{1}{\sigma^2}} = \frac{\bar{x}-\mu}{\sqrt{\dfrac{s^2}{n}}}$$

は自由度 $(n-1)$ の t 分布にしたがうことになる. ここで, 比をとることにより母分散 σ^2 が分子と分母とで打ち消され, $(\bar{x}-\mu)\Big/\sqrt{\dfrac{s^2}{n}}$ は母平均 μ だけに依存しているという点に注意してもらいたい.

注1 $(\bar{x}-\mu)\Big/\sqrt{\dfrac{s^2}{n}}$ が自由度 $(n-1)$ の t 分布にしたがう, ということを表面的に眺めてみよう. 解説のところで説明したように, $(\bar{x}-\mu)\Big/\sqrt{\dfrac{\sigma^2}{n}}$ は標準正規分布にしたがう. この2つの結果を並べて書いてみると

$$\dfrac{\bar{x}-\mu}{\sqrt{\dfrac{\sigma^2}{n}}} : 標準正規分布$$

$$\dfrac{\bar{x}-\mu}{\sqrt{\dfrac{s^2}{n}}} : 自由度 (n-1) の t 分布$$

となる. この2つの統計量 (確率変数) を比べてみると, t 分布の統計量は, 標準正規分布の統計量において σ^2 のところに推定量 s^2 を代入したものに

§1 準備──統計量の分布

なっている．このことから，形式的に，"標準正規分布にしたがう量があり，その中に未知の分散 σ^2 があるとする．σ^2 のところにその推定量を代入すると，その量の分布はもはや標準正規分布ではなくて t 分布をする．その自由度は，分散推定の自由度である"といういい方をすることがある．いまの場合，分散の推定量 s^2 の自由度は $(n-1)$ であるから $\left(\dfrac{(n-1)s^2}{\sigma^2}\right.$ が自由度 $(n-1)$ のカイ 2 乗分布をするということを意味する $\left.\right)$，t 分布の自由度は $(n-1)$ である．

(2) 2 つの正規母集団 $N(\mu_1, \sigma_1^2)$, $N(\mu_2, \sigma_2^2)$ からそれぞれ大きさ n_1, n_2 の標本 $(x_{11}, x_{12}, \cdots, x_{1n_1})$, $(x_{21}, x_{22}, \cdots, x_{2n_2})$ を得ているとし，各標本から計算される標本平均を $\bar{x}_{1.}, \bar{x}_{2.}$, 平方和を S_1, S_2, 標本分散を s_1^2, s_2^2 とする．したがって

$$\bar{x}_{1.} = \frac{1}{n_1}\sum_i^{n_1} x_{1i}, \qquad \bar{x}_{2.} = \frac{1}{n_2}\sum_i^{n_2} x_{2i}$$

$$S_1 = \sum_i^{n_1}(x_{1i}-\bar{x}_{1.})^2, \qquad S_2 = \sum_i^{n_2}(x_{2i}-\bar{x}_{2.})^2$$

$$s_1^2 = \frac{1}{n_1-1}S_1, \qquad s_2^2 = \frac{1}{n_2-1}S_2$$

である．

(i) $\bar{x}_{1.}-\bar{x}_{2.}$ は正規分布 $N\left(\mu_1-\mu_2,\ \dfrac{\sigma_1^2}{n_1}+\dfrac{\sigma_2^2}{n_2}\right)$ にしたがう．

(ii) $\dfrac{S_1}{\sigma_1^2}+\dfrac{S_2}{\sigma_2^2}$ は自由度 (n_1+n_2-2) のカイ 2 乗分布にしたがう．

<u>解説</u> (1)の(iii)から，$\dfrac{S_1}{\sigma_1^2}$ は自由度 (n_1-1) のカイ 2 乗分布，$\dfrac{S_2}{\sigma_2^2}$ は自由度 (n_2-1) のカイ 2 乗分布にそれぞれしたがう．さらに S_1, S_2 は，異なった母集団から抽出された標本から計算される平方和であるから，互いに独立である．よってカイ 2 乗分布の性質(第 7 章の定理 2, (ii))より，$\dfrac{S_1}{\sigma_1^2}+\dfrac{S_2}{\sigma_2^2}$ は自由度 (n_1+n_2-2) のカイ 2 乗分布にしたがうことになる．

(iii) $\dfrac{s_1^2}{s_2^2}\dfrac{\sigma_2^2}{\sigma_1^2}$ は自由度 (n_1-1, n_2-1) の F 分布にしたがう．

<u>解説</u> (ii)の解説のところで説明したように，$\dfrac{S_1}{\sigma_1^2}$ は自由度が

(n_1-1) のカイ2乗分布, $\dfrac{S_2}{\sigma_2^2}$ は自由度 (n_2-1) のカイ2乗分布にそれぞれしたがい, S_1 と S_2 とは互いに独立である. よって F 分布の性質(第7章の定理4)より,

$$\dfrac{\dfrac{S_1}{\sigma_1^2(n_1-1)}}{\dfrac{S_2}{\sigma_2^2(n_2-1)}} = \dfrac{s_1^2}{s_2^2}\dfrac{\sigma_2^2}{\sigma_1^2}$$

は自由度 (n_1-1, n_2-1) の F 分布にしたがうことになる.

(iv) 2つの母分散 σ_1^2, σ_2^2 に対して $\sigma_1^2=\sigma_2^2 (\equiv \sigma^2$ とおく$)$ を仮定する. そうすると

$$\dfrac{(\bar{x}_{1\cdot}-\bar{x}_{2\cdot})-(\mu_1-\mu_2)}{\sqrt{\left(\dfrac{1}{n_1}+\dfrac{1}{n_2}\right)\dfrac{S_1+S_2}{n_1+n_2-2}}}$$

は自由度 (n_1+n_2-2) の t 分布にしたがう.

解説 $\sigma_1^2=\sigma_2^2=\sigma^2$ であるから, (i) より $[(\bar{x}_{1\cdot}-\bar{x}_{2\cdot})-(\mu_1-\mu_2)]$ $\Big/\sqrt{\left(\dfrac{1}{n_1}+\dfrac{1}{n_2}\right)\sigma^2}$ が標準正規分布にしたがい, (ii) より $(S_1+S_2)/\sigma^2$ が自由度 (n_1+n_2-2) のカイ2乗分布にしたがうことになる. さらに(1)の(iv)より, $\bar{x}_{1\cdot}$ と S_1 とは互いに独立, $\bar{x}_{2\cdot}$ と S_2 とは互いに独立となる. $\bar{x}_{1\cdot}$ と S_2 との独立性, $\bar{x}_{2\cdot}$ と S_1 との独立性は明らかであるから, $(\bar{x}_{1\cdot}-\bar{x}_{2\cdot})$ と (S_1+S_2) とは互いに独立となる. したがって t 分布の性質(第7章の定理3)より,

$$\dfrac{(\bar{x}_{1\cdot}-\bar{x}_{2\cdot})-(\mu_1-\mu_2)}{\sqrt{\left(\dfrac{1}{n_1}+\dfrac{1}{n_2}\right)\sigma^2}} \Big/ \sqrt{\dfrac{S_1+S_2}{\sigma^2(n_1+n_2-2)}} = \dfrac{(\bar{x}_{1\cdot}-\bar{x}_{2\cdot})-(\mu_1-\mu_2)}{\sqrt{\left(\dfrac{1}{n_1}+\dfrac{1}{n_2}\right)\dfrac{S_1+S_2}{n_1+n_2-2}}}$$

は自由度 (n_1+n_2-2) の t 分布にしたがうことになる. ここでも母分散 σ^2 が分子と分母とで巧妙に打ち消されていることに注意せよ.

§2 分散の推測

正規母集団 $N(\mu, \sigma^2)$ (μ, σ^2 はいずれも未知) から大きさ n の標本 $(x_1, x_2, \cdots, x_n)$ を得ている. これをもとに, 母分散 σ^2 の推測をしよう (図1参照). 統計量として

平方和　　　　　$S = \sum_{i}^{n} (x_i - \bar{x})^2$

標本分散　　　　$s^2 = \dfrac{1}{n-1} S$

標本標準偏差　　$s = \sqrt{s^2}$

を用いる.

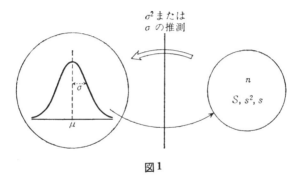

図1

仮説検定 (有意水準 α)

仮説
$$H_0: \sigma^2 = \sigma_0^2 \quad (\sigma_0^2 \text{ は或る定まった数値})$$

の検定を考える. §1の(1)の(iii)より, $\dfrac{S}{\sigma^2}$ は自由度 $(n-1)$ のカイ2乗分布をするから, H_0 が正しいときには $\dfrac{S}{\sigma_0^2}$ は自由度 $(n-1)$ のカイ2乗分布にしたがう. したがって $\dfrac{S}{\sigma_0^2}$ に対して棄却域を適当に設けてやればよい.

(i)　$H_1: \sigma^2 > \sigma_0^2$ の場合

H_0 が間違っていて H_1 が正しいときには, S, したがって $\dfrac{S}{\sigma_0^2}$ は

大きい値をとることが期待される.したがって,H_1が正しいときの検出力を大きくするためには,棄却域を全部右側にもってくるのがよい.よって検定方法は

$$W: \frac{S}{\sigma_0^2} > \chi^2(n-1, \alpha) \tag{1}$$

とする(図2参照).

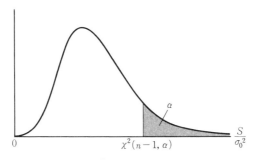

図2 右片側検定

(ii) $H_1: \sigma^2 < \sigma_0^2$ の場合

(i)の場合とは逆に,この場合には棄却域を全部左側にもってくるのがよい.よって検定方法は

$$W: \frac{S}{\sigma_0^2} < \chi^2(n-1, 1-\alpha) \tag{2}$$

とする(図3参照).

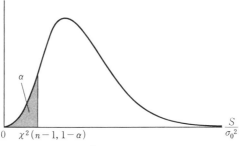

図3 左片側検定

(iii) $H_1: \sigma^2 \neq \sigma_0^2$ の場合

$\sigma^2 > \sigma_0^2, \sigma^2 < \sigma_0^2$ のどちらであっても，或る程度の検出力があるようにという考え方から，棄却域を両側に $\dfrac{\alpha}{2}$ ずつ設ける．よって検定方法は

$$W: \dfrac{S}{\sigma_0^2} < \chi^2\left(n-1, 1-\dfrac{\alpha}{2}\right) \quad \text{または} \qquad (3)$$

$$\dfrac{S}{\sigma_0^2} > \chi^2\left(n-1, \dfrac{\alpha}{2}\right)$$

とする(図4参照).

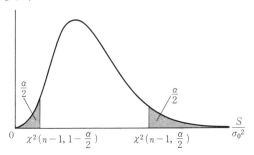

図4　両側検定

点推定

§1 の(3)式より

$$E(s^2) = \sigma^2$$

であるから，s^2 は σ^2 の不偏推定量(第6章§4)である．実は，s^2 は σ^2 の不偏最小分散推定量になっている．よって，母分散 σ^2 の点推定には標本分散 s^2 を用いる．

母分散 σ^2 の推定量としては，平方和 S を n で割ったもの，つまり $\dfrac{1}{n}S = \dfrac{1}{n}\sum_{i}^{n}(x_i - \bar{x})^2$ をすぐに思いつくであろう．ところが，これの期待値は

第8章 正規母集団の推測

$$E\left(\frac{1}{n}S\right) = \frac{n-1}{n}\sigma^2 \tag{4}$$

となり(注2参照), $\frac{1}{n}S$ は σ^2 の不偏推定量にならない. 或る意味では不自然とも思える, S を $(n-1)$ で割ったものを標本分散と定義したのは, 母分散 σ^2 の不偏推定量を標本分散と定義したいためである.

σ^2 の不偏最小分散推定量が s^2 であることから, 母標準偏差 σ の推定量としては s を使えばよいとすぐに思いつくであろう. しかし, §1の(5)式からわかるように, s は σ の不偏推定量ではない. 不偏推定量にするためには, s を $c_2{}^*$ で割ればよい. つまり

$$E\left(\frac{s}{c_2{}^*}\right) = \sigma \tag{5}$$

であるから, $\frac{s}{c_2{}^*}$ が σ の不偏推定量である. 実は, $\frac{s}{c_2{}^*}$ は σ の不偏最小分散推定量になっている. よって, 母標準偏差 σ の点推定には $\frac{s}{c_2{}^*}$ を用いる. これの標準偏差は

$$D\left(\frac{s}{c_2{}^*}\right) = \frac{c_3{}^*}{c_2{}^*}\sigma \tag{6}$$

となる.

ところで表1からもわかるように, $c_2{}^*$ の値は n が10以上ぐらいであれば殆ど1である. このことから, n が10以上のときには $\frac{s}{c_2{}^*}$ の代りに s を用いる.

注2 本書では, "期待値をとる"または"期待値を計算する"という"E"の演算にはふれていない. 実は, "E"の演算は, 期待値の定義(第4章§7の(5)式)からも容易にわかるように, 積分演算と同じである. したがって, x_1, x_2 を確率変数, a_1, a_2 を定数とするとき

$$E(a_1x_1 + a_2x_2) = a_1E(x_1) + a_2E(x_2)$$

という性質がある．この性質を使うと，(4)式は

$$E\left(\frac{1}{n}S\right) = \frac{1}{n}E(S) = \frac{1}{n}\cdot(n-1)\sigma^2$$

として得られる．

区間推定(信頼度 $1-\alpha$)

母分散 σ^2 の信頼区間を求めるには，S/σ^2 が自由度 $(n-1)$ のカイ2乗分布をするという事実(§1(1)の(iii))を使えばよい．このことから

$$\Pr\left\{\chi^2\left(n-1, 1-\frac{\alpha}{2}\right) < \frac{S}{\sigma^2}\right.$$
$$\left. < \chi^2\left(n-1, \frac{\alpha}{2}\right)\right\} = 1-\alpha \qquad (7)$$

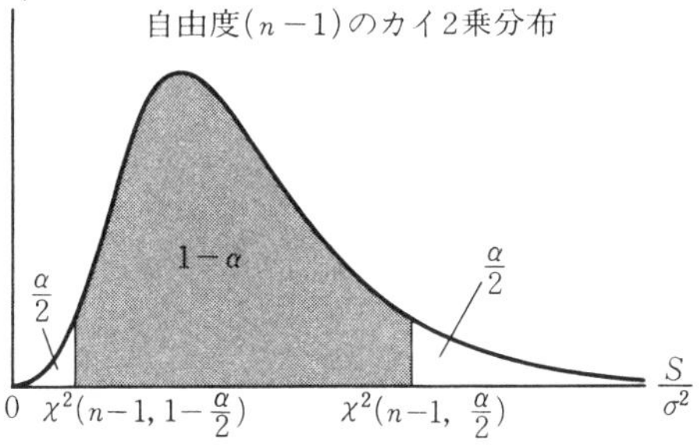

図5 自由度 $(n-1)$ のカイ2乗分布

が得られる(図5参照)．(7)式の左辺の括弧内の不等式を変形して

$$\Pr\left\{\frac{S}{\chi^2\left(n-1, \frac{\alpha}{2}\right)} < \sigma^2 < \frac{S}{\chi^2\left(n-1, 1-\frac{\alpha}{2}\right)}\right\} = 1-\alpha \qquad (8)$$

を得る．よって σ^2 の信頼度 $1-\alpha$ の信頼区間は

$$\left(\frac{S}{\chi^2\left(n-1, \frac{\alpha}{2}\right)}, \frac{S}{\chi^2\left(n-1, 1-\frac{\alpha}{2}\right)}\right) \qquad (9)$$

である．

母標準偏差 σ の信頼区間は，σ^2 の信頼区間より直ちに得られる．すなわち，(8)式より

$$\Pr\left\{\sqrt{\frac{S}{\chi^2\left(n-1,\frac{\alpha}{2}\right)}}<\sigma<\sqrt{\frac{S}{\chi^2\left(n-1,1-\frac{\alpha}{2}\right)}}\right\}=1-\alpha \quad (10)$$

が得られるので，σ の信頼度 $1-\alpha$ の信頼区間は

$$\left(\sqrt{\frac{S}{\chi^2\left(n-1,\frac{\alpha}{2}\right)}},\ \sqrt{\frac{S}{\chi^2\left(n-1,1-\frac{\alpha}{2}\right)}}\right) \quad (11)$$

である．

例題1 某工場では，80 ml の化粧水を瓶詰めしている．当然のことながら，実際の内容量は瓶ごとにばらついており，その大きさは，標準偏差にして 1.2 ml である．したがって内容量 80 ml を保証するために，現在は入れ目の目標値を 84.8 ml にして瓶詰機械を運転している．目標値をこのように設定しておけば，目標値と保証値との差が 4 シグマ (標準偏差の 4 倍) あり，殆ど確実に 80 ml が保証できる (図6 参照)．

この工場では，原価低減活動の一環として，内容量のばらつきを小さくすることをとりあげた．それは，内容量のばらつきが小さく

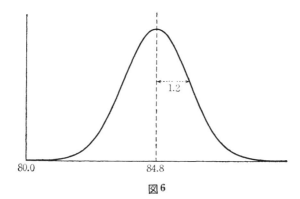

図6

§2 分散の推測

なれば，入れ目の目標値を少なくすることができ，それだけ原価は安くなる．例えば，内容量の標準偏差を 0.6 ml にすることができれば，目標値を 82.4 ml に減らすことができる(図7参照)．したがって，瓶当り 2.4 ml の節約になる．

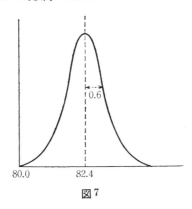

図7

生産技術課で，ばらつきが小さくなるように機械の改良を試み，新機械を試作した．新機械が本当にばらつきを小さくするかどうかを調べるため，新機械で約100瓶近くの瓶詰めを行ない，そのうちの20瓶の内容量を測定して次のデータを得た．

84.3	84.9	84.2	85.3	84.6	85.1	84.6
84.0	85.2	84.3	85.2	84.0	84.4	84.2
85.1	83.8	85.2	85.4	85.0	84.4	

新機械は内容量のばらつきを小さくすると判断してよいか．もしそう判断できるならば，現在の機械を新機械に切り替えることを考えている．

解説 新機械で瓶詰めされた化粧水の内容量のデータが母集団である．製造工程が安定しておれば，内容量はほぼ正規分布をするであろうから，母集団は正規母集団 $N(\mu, \sigma^2)$ とする．ただし，母平均 μ，母分散 σ^2 は未知である．

いま興味があるのは母標準偏差 σ である．$\sigma=1.2$ ということは，新機械でのばらつきも現在と同じであって，改良の効果がないということである．したがって問題は，σ が 1.2 と異なるかどうかということになる．よって，σ が 1.2 であるという仮説

$$H_0: \quad \sigma^2 = (1.2)^2$$

（新機械での内容量のばらつきは現在の機械と同じである）
を立て，これを検定してみればよい．対立仮説 (H_1) としては，左片側対立仮説

$$H_1: \quad \sigma^2 < (1.2)^2$$

を選ぶのが適当である．その理由としては次のように考えておくとよい．

いまは，σ が 1.2 より小さいか，そうでないか，に興味がある．もし σ が 1.2 より小さくなっていれば新機械を採用し，そうでないならば現在の機械をそのまま使うからである．したがって，σ が 1.2 より小さいときには確実に H_0 を棄却してほしい．一方，σ が 1.2 より大きいときには H_0 を棄却しなくてもよい．なぜならば，そのときには新機械は改良になっていないので，現在の機械をそのまま使うからである．したがって，この例題で片側対立仮説を選んだ理由は，第 6 章の §3 で述べた片側対立仮説を選ぶ 2 つの場合のうちの ② に該当する．

検定方法は (2) 式で与えられる．

$$S = \sum_i^n (x_i - \bar{x})^2 = \sum_i^n x_i^2 - \frac{\left(\sum_i^n x_i\right)^2}{n}$$

$$= 143351.14 - \frac{(1693.2)^2}{20}$$

$$\fallingdotseq 4.828$$

$$\frac{S}{\sigma_0^2} = \frac{4.828}{(1.2)^2} = 3.353$$

一方

$$\chi^2(n-1, 1-\alpha) = \chi^2(19, 0.95) = 10.12$$

である．よって H_0 は棄却される(有意水準 5%)．したがって H_1 が採択され，$\sigma^2 < (1.2)^2$ と考えてよい．つまり，新機械は内容量のばらつきを小さくすると考えてよい．

では，新機械での内容量のばらつきを表わす母標準偏差 σ はいくらと推定されるであろうか．σ の点推定をしてみる．

$$\hat{\sigma} = s = \sqrt{\frac{S}{n-1}} = \sqrt{\frac{4.828}{19}} \doteqdot 0.5$$

よって，σ は $0.5\,\mathrm{m}l$ と推定される．

§3 平均の推測

正規母集団 $N(\mu, \sigma^2)$ (μ, σ^2 はいずれも未知)から大きさ n の標本 $(x_1, x_2, \cdots, x_n)$ を得ている．これをもとに，母平均 μ の推測をしよう(図 8 参照)．統計量として

標本平均 　$\bar{x} = \dfrac{1}{n} \sum_{i}^{n} x_i$

標本分散 　$s^2 = \dfrac{1}{n-1} \sum_{i}^{n} (x_i - \bar{x})^2$

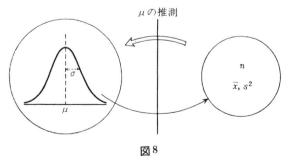

図 8

を用いる．

仮説検定（有意水準 α）

仮説
$$H_0: \mu = \mu_0 \quad (\mu_0 \text{ は或る定まった数値})$$
の検定を考える．

第6章においては，$(\bar{x}-\mu)\Big/\sqrt{\dfrac{\sigma^2}{n}}$ が標準正規分布にしたがうことを利用して H_0 の検定方法を導いた．そこでは，母分散 σ^2 の値がわかっているという仮定をしていたので，H_0 が正しいときの $(\bar{x}-\mu)\Big/\sqrt{\dfrac{\sigma^2}{n}}$ の値を計算することができ，したがって H_0 の検定ができたのである．母分散 σ^2 の値が未知の場合には，H_0 が正しいときの $(\bar{x}-\mu)\Big/\sqrt{\dfrac{\sigma^2}{n}}$ の値が計算できないから，これでは検定はできない．ほかの統計量を考える必要がある．

幸い，$(\bar{x}-\mu)\Big/\sqrt{\dfrac{s^2}{n}}$ は自由度 $(n-1)$ の t 分布にしたがうので（§1(1)の(v)参照），この統計量を使えば μ に関する仮説の検定は可能である．仮説 H_0 が正しければ $(\bar{x}-\mu_0)\Big/\sqrt{\dfrac{s^2}{n}}$ は自由度 $(n-1)$ の t 分布にしたがうから，この統計量に対して棄却域を適当に設けてやればよい．

(i) $H_1: \mu > \mu_0$ の場合

H_0 が間違っていて H_1 が正しいときには，$(\bar{x}-\mu_0)\Big/\sqrt{\dfrac{s^2}{n}}$ は大きい値になることが期待される．したがって H_1 が正しいときの検出

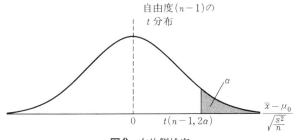

図9　右片側検定

力を大きくするためには，棄却域を全部右側にもってくるのがよい．よって検定方法は

$$W : \frac{\bar{x}-\mu_0}{\sqrt{\dfrac{s^2}{n}}} > t(n-1, 2\alpha) \tag{1}$$

とする（図9参照）．

(ii)　$H_1 : \mu < \mu_0$ の場合

(i)と同じ考え方により，この場合には棄却域は全部左側にもってくるのがよい．したがって検定方法は

$$W : \frac{\bar{x}-\mu_0}{\sqrt{\dfrac{s^2}{n}}} < -t(n-1, 2\alpha) \tag{2}$$

とする．

(iii)　$H_1 : \mu \neq \mu_0$ の場合

μ が $\mu > \mu_0$, $\mu < \mu_0$ のどちらであってもよいようにという考え方から，棄却域を両側に $\dfrac{\alpha}{2}$ ずつ設ける．よって検定方法は

$$W : \left|\frac{\bar{x}-\mu_0}{\sqrt{\dfrac{s^2}{n}}}\right| > t(n-1, \alpha) \tag{3}$$

とする（図10参照）．

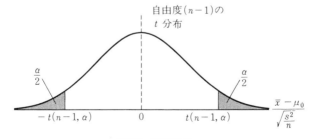

図10　両側検定

点推定

標本平均 $\bar{x}$ でもって μ を推定することが考えられる．事実，$\bar{x}$ の分布理論より ($\S 1(1)$ の (i) 参照)，

$$E(\bar{x}) = \mu \tag{4}$$

であるから，$\bar{x}$ は μ の不偏推定量である．実は，$\bar{x}$ は μ の不偏最小分散推定量になっている．よって，母平均 μ の点推定量としては標本平均 $\bar{x}$ を用いる．

推定量 $\bar{x}$ の精度を表わす $\bar{x}$ の標準偏差は，再び $\bar{x}$ の分布理論より，

$$D(\bar{x}) = \frac{\sigma}{\sqrt{n}} \tag{5}$$

である．(5)式は，n を大きくすれば $D(\bar{x})$ は小さくなる，つまり推定精度がよくなることを示している．この式を用いて，標本の大きさと推定値の精度との関係を議論することができる．

区間推定 (信頼度 $1-\alpha$)

母平均 μ の信頼区間を求めるには $(\bar{x}-\mu)\big/\sqrt{\dfrac{s^2}{n}}$ が自由度 $(n-1)$ の t 分布をするという事実 ($\S 1(1)$ の (v)) を使えばよい．このことから

$$\Pr\left\{-t(n-1,\alpha) < \frac{\bar{x}-\mu}{\sqrt{\dfrac{s^2}{n}}} < t(n-1,\alpha)\right\} = 1-\alpha \tag{6}$$

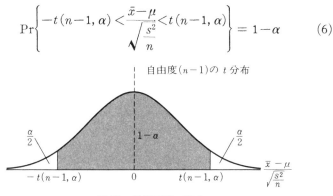

図11 信頼区間の構成

§3 平均の推測

が得られる(図11参照).

(6)式の左辺の括弧内の不等式を変形すると

$$\Pr\left\{\bar{x}-t(n-1,\alpha)\sqrt{\frac{s^2}{n}}<\mu<\bar{x}+t(n-1,\alpha)\sqrt{\frac{s^2}{n}}\right\}=1-\alpha \qquad (7)$$

が得られる. よって μ の信頼度 $1-\alpha$ の信頼区間は

$$\bar{x}\pm t(n-1,\alpha)\sqrt{\frac{s^2}{n}} \qquad (8)$$

である.

注3 検定, 区間推定に関するこれまでの議論から, 読者は, これらに共通した考え方を看破されたことと思う. 両者の公式を導くキイは全く簡単である. 例えば, 未知母数 θ についての検定または区間推定の公式を導こうと思えば, (i) θ を含む統計量であって, θ の値を与えてやればこの統計量の値は計算できる, さらに, (ii) この統計量は θ に無関係な定まった分布をもつ, といった"適当な統計量"を見出すことである.

このような統計量は, σ^2 の推測では $\dfrac{S}{\sigma^2}$, μ の推測では $(\bar{x}-\mu)\Big/\sqrt{\dfrac{s^2}{n}}$ であった.

例題2 或る金塊の重さを知るために, これを4回測定し, 次のデータを得た.

    63.6 64.5 65.0 64.1 (単位 g)

(i) この金塊の重さを推定せよ. その推定値の誤差はどれぐらいと考えられるか.

(ii) 推定値の精度をもう少し上げて, 確率95%で, 推定値の誤差を0.5g以下にするためには, さらに何回の測定をしなければいけないか.

解説 (i) この金塊の重さの測定データは正規分布 $N(\mu,\sigma^2)$ にしたがうと考える. ここで, μ がこの金塊の真の重さである. いま得ている4個の測定データは, 正規母集団 $N(\mu,\sigma^2)$ からの大きさ $n=4$ の標本とみなされ, 問題は, この標本をもとにして μ を推定

することである。μ の推定には標本平均 $\bar{x}$ を使う。

$$\hat{\mu} = \bar{x} = \frac{257.2}{4} = 64.3.$$

よって金塊の重さ μ は 64.3 g と推定される。

推定量 $\bar{x}$ は平均 μ, 標準偏差 $\sigma/\sqrt{n}$ の正規分布にしたがうから (§1(1) の(i)参照)，正規分布の性質より，推定値 $\bar{x}$ は，確率 95% で区間 $\left(\mu - 2\dfrac{\sigma}{\sqrt{n}},\ \mu + 2\dfrac{\sigma}{\sqrt{n}}\right)$ の中の値をとる (厳密にいうと，$2\dfrac{\sigma}{\sqrt{n}}$ ではなくて $1.96\dfrac{\sigma}{\sqrt{n}}$ であるが，実用的には 1.96 の代りに 2 を用いてよい)。このことから，$\bar{x}$ で μ を推定するときの推定値の誤差は，

$$\text{確率 95% で, } 2\frac{\sigma}{\sqrt{n}} \text{ 以下である} \tag{9}$$

ということができる (図 12 参照)。したがっていまの場合の μ の推定値 64.3 の誤差は，確率 95% で $2\dfrac{\sigma}{\sqrt{4}}$ 以下であると考えてよい。

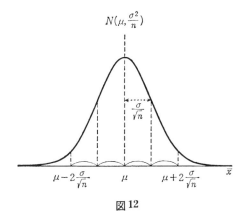

図 12

ところが σ の値がわからないので，これでは誤差の大きさはわからない。σ の値については，① 過去の経験から，その大体の値が予想されるときには，その値を使う，② 得られている標本から σ の値を推定する，のいずれかの方法をとる。ここでは，いま得ら

れている標本から σ の値を推定してみる．

$$\hat{\sigma} = \frac{s}{c_2{}^*} = \frac{\sqrt{s^2}}{c_2{}^*} = \frac{0.594}{0.921} = 0.64$$

であるから，

$$2\frac{\hat{\sigma}}{\sqrt{4}} = 2 \times \frac{0.64}{\sqrt{4}} = 0.64$$

である．よって推定値 64.3 g の誤差は，確率 95% で 0.64 g 以下である，と考えてよい．

（ii）推定値の誤差を，確率 95% で 0.5 g 以下にするために必要な標本の大きさ n は，(9) より

$$2\frac{\sigma}{\sqrt{n}} \leqq 0.5$$

を満足する n である．すなわち

$$n \geqq \left(\frac{2\sigma}{0.5}\right)^2 \tag{10}$$

である．σ の値は未知であるから，すでに抽出している標本から求められた σ の推定値 $\hat{\sigma} = 0.64$ を (10) 式に代入すると，$n \geqq 6.6$ が得られる．すでに 4 回測定しているので，さらに 3 回の測定をする必要がある．そして合わせた 7 個の測定データから平均値を計算し，その平均値をこの金塊の重さの推定値とすればよい．――

例題 3 或る電気メーカーは自社のシェーバー（充電式）について，"充電後，平均 21 分間使用可能である" と宣伝している．本当にその通りであるかどうかをチェックするために，10 個のシェーバーを選び，充電後の使用可能時間を調べたところ次のデータが得られた．メーカーの宣伝に偽りはないといえるか．

| 19.8 | 22.4 | 20.6 | 21.5 | 21.2 |
| 20.6 | 20.6 | 19.7 | 21.3 | 20.7 | （単位分）

解説 この 10 個のデータの平均値 $\bar{x}$ は

$$\bar{x} = 20.84 \quad (\text{分})$$

であり，21 分より短い．しかしこれは，たまたまの 10 個の標本においての値であるので，これからいきなり，メーカーの宣伝には偽りがあると決めつけるわけにはいかない．われわれの知りたいのは母集団の値であるので，標本から母集団への推測をする必要がある．

充電後の使用可能時間は正規分布 $N(\mu, \sigma^2)$ をするものと仮定する．ここで，μ がこのメーカーのシェーバーの平均使用可能時間である．そうすると，いま得られている 10 個のデータは，正規母集団 $N(\mu, \sigma^2)$ からの大きさ $n=10$ の標本とみなすことができる．問題は，μ が 21 分とみなせるかどうかということであるから，仮説

$$H_0: \mu = 21.0 \quad (\text{メーカーの取り扱い説明書通りである})$$

を立て，これの検定をしてみればよい．

対立仮説 H_1 としては

$$H_1: \mu < 21.0$$

とするのが適当である．それは次の理由による．宣伝に偽りがあるというのは，μ が 21.0 より小さいときであり，μ が 21.0 より大きいのは，われわれユーザーにとっては好ましいことであって，このときにはメーカーの宣伝に偽りはない，つまりメーカーの主張は正しいと考えてよい．したがって望ましい検定方法は，μ が 21.0 より小さいときにきちんと H_0 を棄却してくれるものである．よって左片側対立仮説を選び，左片側検定をするのがよい．

検定手順は (2) 式で示される．

$$\bar{x} = 20.84$$

$$s^2 = \frac{1}{n-1} \sum_i^n (x_i - \bar{x})^2 = \frac{1}{n-1} \left[\sum_i^n x_i^2 - \frac{\left(\sum_i^n x_i\right)^2}{n} \right]$$

$$= \frac{1}{9}\left[4348.84 - \frac{(208.4)^2}{10}\right] = 0.6427$$

であるから

$$\frac{\bar{x}-\mu_0}{\sqrt{\frac{s^2}{n}}} = \frac{20.84-21.00}{\sqrt{\frac{0.6427}{10}}} = -0.630$$

である.一方,有意水準 α を,$\alpha=0.05$ とすると

$$-t(n-1, 2\alpha) = -t(9, 0.10) = -1.833$$

であるから,仮説 H_0 は棄却されない.したがってメーカーの主張を疑う根拠はない.メーカーの宣伝は正しいと考えてよいであろう.

例題 4 昭和 54 年度の共通 1 次試験の全受験者約 33 万人の得点の平均点は 636.07 点(1000 点満点)と発表されている.G 高校生の学力が全国平均と比べて同レベルにあるかどうかを調べる.そのために,G 高校の 3 年生の中からランダムに 15 人を選び出し,彼等の共通 1 次試験の得点を調べたところ,次のようであった.

| 823 | 528 | 792 | 706 | 573 | 769 | 650 | 683 |
| 760 | 707 | 838 | 635 | 580 | 799 | 680 | |

G 高校生の平均学力は全国平均と比べて違うかどうかを検討せよ.

解説 G 高校生全員の得点は正規分布 $N(\mu, \sigma^2)$ にしたがっていると仮定する(第 6 章の例題 1 を参照).μ が G 高校生の平均得点であり,問題は μ が全国平均の 636.07 点と異なるかどうかということである.したがって,μ は全国平均 636.07 点と同じであるという仮説

$$H_0: \mu = 636.07$$

を立て,これの検定をしてみればよい.

知りたいことは,μ が 636.07 と異なるかどうかということであるから,対立仮説 H_1 としては

$$H_1: \mu \neq 636.07$$

とするのが適当である．よって検定方法は(3)式である．

$$\bar{x} = 701.53$$

$$s^2 = \frac{1}{n-1}\sum_i^n (x_i - \bar{x})^2 = 9169.6952 = (95.76)^2$$

であるから，

$$\left|\frac{\bar{x}-\mu_0}{\sqrt{\frac{s^2}{n}}}\right| = \left|\frac{701.53 - 636.07}{\sqrt{\frac{9169.6952}{15}}}\right| = 2.648$$

である．一方，有意水準 α を，$\alpha=0.05$ とすると

$$t(n-1, \alpha) = t(14, 0.05) = 2.145$$

である．よって仮説 H_0 は棄却される．したがって，G高校の平均学力は全国平均と異なっていると判断してよい．

では，G高校の平均点 μ は全国平均よりも高いのか，低いのか．それには，μ の推定をしてみればよい．μ の点推定値は

$$\hat{\mu} = \bar{x} = 701.53$$

であり，μ の95％信頼区間は，(8)式より

$$\bar{x} \pm t(n-1, 0.05)\sqrt{\frac{s^2}{n}}$$

$$= 701.53 \pm t(14, 0.05)\sqrt{\frac{9169.6952}{15}}$$

$$= 701.53 \pm 2.145 \times 24.72$$

$$= 701.53 \pm 53.02$$

$$= (648.51, 754.55)$$

である．

したがって，G高校生の平均学力は全国平均よりも高いとみてよい．そしてその程度は，共通1次試験の得点で65点ぐらい高いと考えてよい．

§3 平均の推測

注4 例題4と同じような問題を,第6章の例題2でもとりあげている.第6章では,F高校生の得点の分布の標準偏差(母標準偏差)σ は $\sigma=134.28$ である.つまり母標準偏差 σ の値はわかっているとして問題を解いた.しかし本章では,σ の値がわかっているという仮定をしていない.この意味において,この章の例題4の定式化のほうが自然であり,よいといえる.

例題5 A 社製のタイヤと B 社製のタイヤの摩耗度を比較するため,9台の自動車の後輪の左右に,A 社,B 社のタイヤを取り付けた.ただし,各車ごとに左右の取り付けはランダムにきめた.この9台の自動車をそれぞれ自由に走らせ,1年後にタイヤの摩耗量を測定して表2のデータを得た.

A 社製のタイヤと B 社製のタイヤの間には摩耗量に差があると考えられるか.もし差があるとすればどちらのタイヤがよいか.

表2 タイヤの摩耗量(単位 mm)

メーカー \ 車	1	2	3	4	5	6	7	8	9
A 社	4.0	5.2	5.8	3.0	5.0	2.8	2.2	3.8	4.1
B 社	3.7	6.6	5.6	4.2	6.5	2.7	3.4	4.9	4.0

解説 表2において,縦の2つのデータは同じ条件で使用された A 社製,B 社製のタイヤの摩耗量である,ということをまず注意しておく.したがって,もし A 社製,B 社製間に差がないならば,縦の2つのデータは同じ値になるべきものである.ところが,もろもろの誤差のために全く同じ値にはならないであろう.またもし,例えば A 社製より B 社製の方が摩耗しやすいとすると,縦の2つのデータは B 社の方が絶えず大きい値になるであろう.

以上の考え方から,各車ごとに[(A 社のデータ)−(B 社のデータ)]を計算し,これらの値を $x_1, x_2, \cdots, x_9$ とおくと,もし A 社製,B 社製間に摩耗量に差がないならば,$x_1, x_2, \cdots, x_9$ は0のまわりにばらつき,もし差があればそうではないということになる.このこ

とから,A 社製,B 社製の間に差があるかどうかの問題は,$(x_1, x_2, \cdots, x_9)$ を正規母集団 $N(\mu, \sigma^2)$ からの大きさ $n=9$ の標本と考えたとき,母平均 μ が 0 とみなせるかどうかの問題に帰着させることができる.よって仮説

H_0: $\mu = 0$ (A 社製,B 社製間に摩耗量に差がない)

の検定をしてみればよい.

対立仮説 H_1 としては

$$H_1: \mu \neq 0$$

とするのが適当である.よって検定方法は(3)式である.

表2より

$x_1 = 0.3$ $x_2 = -1.4$ $x_3 = 0.2$ $x_4 = -1.2$ $x_5 = -1.5$
$x_6 = 0.1$ $x_7 = -1.2$ $x_8 = -1.1$ $x_9 = 0.1$

であるから

$$\bar{x} = -0.63, \quad s^2 = 0.6050$$

である.したがって

$$\left| \frac{\bar{x} - \mu_0}{\sqrt{\frac{s^2}{n}}} \right| = \left| \frac{-0.63 - 0}{\sqrt{\frac{0.6050}{9}}} \right| = 2.43$$

である.一方,有意水準を 5% とすると

$$t(n-1, \alpha) = t(8, 0.05) = 2.306$$

である.よって仮説 H_0 は棄却され,A 社製,B 社製間には摩耗量に差があると考えてよい.

では,どちらのタイヤが摩耗しやすいのか.このためには μ の推定をしてみればよい.

$$\hat{\mu} = \bar{x} = -0.63$$

であり,μ は負であると推定される.μ は [(A 社のデータ)−(B 社のデータ)] の母平均であるから,μ が負であるということは,B 社

製のタイヤの方が摩耗量が大きいことを意味する．(この問題において μ の推定値自体には意味がない.)

注5 §2, §3 では，正規母集団 $N(\mu, \sigma^2)$ に対し，母数 σ^2, μ の推測を別々に行なったが，もっと一般に，μ, σ^2 の関数を推測するという問題もある．1例をあげよう．たくさんの部品からなるロットがある．この部品は外径寸法が重要品質であり，その規格は 12.5 mm 以上 14.0 mm 以下となっている．このロットの不良率が知りたいとする．明らかに，ロットが母集団である．母集団分布として正規分布 $N(\mu, \sigma^2)$ を仮定すると，ロットの不良率 p は

$$p = \int_{-\infty}^{12.5} \frac{1}{\sqrt{2\pi}\sigma} e^{-\frac{1}{2\sigma^2}(x-\mu)^2} dx + \int_{14.0}^{\infty} \frac{1}{\sqrt{2\pi}\sigma} e^{-\frac{1}{2\sigma^2}(x-\mu)^2} dx$$

となり，p は μ と σ^2 の関数である．

この場合には，標本から直接 p を推定するべきであるが，実際には，まず標本から母平均 μ，母標準偏差 σ を推定し，次に，図13のようにして，p を推定するという方法がとられる．ここで $\hat{\mu}, \hat{\sigma}$ はそれぞれ μ, σ の推定値である．

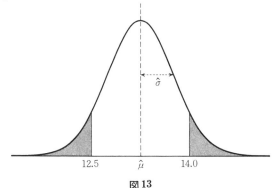

図13

注6 最近の電卓では，データをインプットすると，平均 $\bar{x}$ と標準偏差 s の値がワンタッチで出るようになっている．この電卓を使う場合には，検定公式, (1)式, (2)式, (3)式において，$(\bar{x}-\mu_0)\Big/\sqrt{\dfrac{s^2}{n}}$ を $(\bar{x}-\mu_0)\Big/\dfrac{s}{\sqrt{n}}$ に書き換えておいた方がよい．

§4 2つの正規母集団の分散の比の推測

2つの正規母集団 $N(\mu_1, \sigma_1^2)$, $N(\mu_2, \sigma_2^2)$ からそれぞれ大きさ n_1, n_2 の標本を得ているとし,各標本から計算される標本平均を $\bar{x}_1.$, $\bar{x}_2.$,平方和を S_1, S_2,標本分散を s_1^2, s_2^2 とする(図14参照).母数 μ_1, μ_2, σ_1^2, σ_2^2 はいずれも未知であり,標本をもとに,母分散 σ_1^2, σ_2^2 についての推測をしよう.

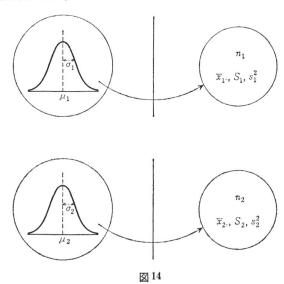

図 14

仮説検定(有意水準 α)

σ_1^2, σ_2^2 についての推測のうち,最もよく用いられるものは σ_1^2 と σ_2^2 とが等しいかどうかということである.この目的のためには,σ_1^2 と σ_2^2 とが等しいという仮説の検定をすればよい.

仮説
$$H_0: \sigma_1^2 = \sigma_2^2$$

の検定を考えよう.この検定は**等分散検定**とよばれている. §1(2) の(iii)より,$\dfrac{s_1^2}{s_2^2}\dfrac{\sigma_2^2}{\sigma_1^2}$ は自由度 (n_1-1, n_2-1) の F 分布にしたがう

から，H_0 が正しいときには s_1^2/s_2^2 は自由度 (n_1-1, n_2-1) の F 分布にしたがう．したがってこの統計量に対して棄却域を適当に設けてやればよい．

(i)　$H_1: \sigma_1^2 > \sigma_2^2$ の場合

H_0 が間違っていて H_1 が正しいときには，s_1^2/s_2^2 は大きい値をとることが期待される．このことから，H_1 が正しいときの検出力を大きくするためには，棄却域を全部右側においてやればよい．よって検定方法は

$$W: \frac{s_1^2}{s_2^2} > F(n_1-1, n_2-1\,;\alpha) \tag{1}$$

とする．

(ii)　$H_1: \sigma_1^2 < \sigma_2^2$ の場合

(i)と同じ考え方により，この場合には棄却域を全部左側におく．よって検定方法は

$$W: \frac{s_1^2}{s_2^2} < F(n_1-1, n_2-1\,;1-\alpha) \tag{2}$$

とする．F 分布のパーセント点についての関係(第7章§3の(3)式)を使うと，(2)式は次の検定と同値である．

$$W: \frac{s_2^2}{s_1^2} > F(n_2-1, n_1-1\,;\alpha) \tag{3}$$

(iii)　$H_1: \sigma_1^2 \neq \sigma_2^2$ の場合

$\sigma_1^2 > \sigma_2^2$, $\sigma_1^2 < \sigma_2^2$ のどちらであってもよいようにという考え方から，棄却域を両側に $\frac{\alpha}{2}$ ずつおく．よって検定方法は

$$W: \frac{s_1^2}{s_2^2} < F\!\left(n_1-1, n_2-1\,;1-\frac{\alpha}{2}\right) \quad \text{または}$$

$$\frac{s_1^2}{s_2^2} > F\!\left(n_1-1, n_2-1\,;\frac{\alpha}{2}\right) \tag{4}$$

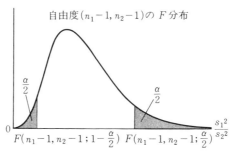

図 15 両側検定

とする(図 15 参照).

F 分布のパーセント点についての関係を使って, (4)式を変形してみよう.

$$(4)式 \Leftrightarrow \frac{s_1^2}{s_2^2} < \frac{1}{F\left(n_2-1, n_1-1 ; \frac{\alpha}{2}\right)} \quad \text{または}$$

$$\frac{s_1^2}{s_2^2} > F\left(n_1-1, n_2-1 ; \frac{\alpha}{2}\right)$$

$$\Leftrightarrow \frac{s_2^2}{s_1^2} > F\left(n_2-1, n_1-1 ; \frac{\alpha}{2}\right) \quad \text{または}$$

$$\frac{s_1^2}{s_2^2} > F\left(n_1-1, n_2-1 ; \frac{\alpha}{2}\right)$$

ここで $F\left(n_2-1, n_1-1 ; \frac{\alpha}{2}\right)$, $F\left(n_1-1, n_2-1 ; \frac{\alpha}{2}\right)$ はいずれも 1 より大であることに着目すると, (4)式は次の検定方法と同値である.

$$\mathscr{W} : \begin{cases} s_1^2, s_2^2 \text{ の大きい方を分子, 小さい方を分母とし,} \\ \text{例えば } s_1^2 > s_2^2 \text{ であったとすると,} \\ \dfrac{s_1^2}{s_2^2} > F\left(n_1-1, n_2-1 ; \dfrac{\alpha}{2}\right) \end{cases} \quad (5)$$

両側対立仮説に対する検定方法としては, (4)式よりも(5)式の方がよく用いられる. この際, (5)式は"有意水準 α の両側検定であ

注7 ここでは仮説 $H_0: \sigma_1^2 = \sigma_2^2$ $\left(\text{または } H_0: \dfrac{\sigma_2^2}{\sigma_1^2} = 1\right)$ の検定方法を与えたが，より一般的である仮説 $H_0: \dfrac{\sigma_2^2}{\sigma_1^2} = \rho_0$ (ρ_0 は或る定まった数値)の検定方法も，全く同じ考え方で導くことができる．

点推定

母分散の比 σ_2^2/σ_1^2 の推定量としては，対応する標本分散の比 s_2^2/s_1^2 が用いられる．当然のことながら，$E\left(\dfrac{s_2^2}{s_1^2}\right)$ は $E(s_2^2)/E(s_1^2)$ とはならないので，s_2^2/s_1^2 は σ_2^2/σ_1^2 の不偏推定量ではない．

区間推定（信頼度 $1-\alpha$）

母分散の比 σ_2^2/σ_1^2 の区間推定を考えよう．§1(2)の(iii)より，$\dfrac{s_1^2}{s_2^2}\dfrac{\sigma_2^2}{\sigma_1^2}$ は自由度 (n_1-1, n_2-1) の F 分布にしたがうから

$$\Pr\left\{F\left(n_1-1, n_2-1\,;\,1-\dfrac{\alpha}{2}\right) < \dfrac{s_1^2}{s_2^2}\dfrac{\sigma_2^2}{\sigma_1^2} < F\left(n_1-1, n_2-1\,;\,\dfrac{\alpha}{2}\right)\right\}$$
$$= 1-\alpha \tag{6}$$

が得られる(図16参照)．(6)式の左辺の括弧内の不等式を変形することによって

$$\Pr\left\{\dfrac{s_2^2}{s_1^2}F\left(n_1-1, n_2-1\,;\,1-\dfrac{\alpha}{2}\right) < \dfrac{\sigma_2^2}{\sigma_1^2} < \dfrac{s_2^2}{s_1^2}F\left(n_1-1, n_2-1\,;\,\dfrac{\alpha}{2}\right)\right\}$$

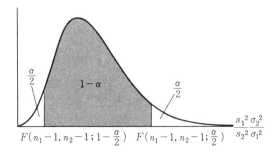

図16 信頼区間の構成

$$= 1-\alpha \tag{7}$$

が得られる. F 分布のパーセント点についての性質より

$$F\left(n_1-1, n_2-1\,;1-\frac{\alpha}{2}\right) = \frac{1}{F\left(n_2-1, n_1-1\,;\frac{\alpha}{2}\right)}$$

であるから, (7)式は, σ_2^2/σ_1^2 の信頼度 $1-\alpha$ の信頼区間が

$$\left(\frac{s_2^2}{s_1^2}\frac{1}{F\left(n_2-1, n_1-1\,;\frac{\alpha}{2}\right)},\ \frac{s_2^2}{s_1^2}F\left(n_1-1, n_2-1\,;\frac{\alpha}{2}\right)\right) \tag{8}$$

であることを示している.

例題 6 分析の精度は同一物を繰り返し分析したときの分析値のばらつき, つまり標準偏差で測られ, 標準偏差が小さいほど精度がよいとされている.

社員 A が分析能力をもっているかどうかを調べるために, 標準試料を, A とベテランの分析者 B とにそれぞれ 10 回ずつ分析させたところ次のデータ (γ 成分の含有率, 単位 %) を得た. 社員 A は分析能力をもっていると判断されるか.

A: 8.4　8.1　8.0　7.6　7.9　7.9　8.1　8.2　7.7　8.3
B: 8.0　7.8　7.6　7.6　7.7　7.7　7.7　7.8　7.9　7.9

解説 A が標準試料を無限回分析して得られるであろう分析データの全体が第 1 の母集団であり, このデータは正規分布 $N(\mu_1, \sigma_1^2)$ にしたがうと仮定する. 同様に, B が標準試料を無限回分析して得られるであろう分析データの全体が第 2 の母集団であり, このデータは正規分布 $N(\mu_2, \sigma_2^2)$ にしたがうと仮定する. そうすると, σ_1, σ_2 はそれぞれ A, B の分析精度を表わす標準偏差となる. 問題は σ_1 と σ_2 とが等しいかどうかということであるので, 仮説

$$H_0:\ \sigma_1^2 = \sigma_2^2 \quad (\text{A, B の分析精度は同じである})$$

の検定をしてみればよい. 仮説 H_0 は, A が分析能力をもっている,

という意味にもなることを注意しておく．

A が分析能力をもつということは $\sigma_1 \leqq \sigma_2$ ということであり，分析能力をもたないということは $\sigma_1 > \sigma_2$ ということである．A が分析能力をもつか，もたないかということであるから，分析能力をもたないとき，つまり $\sigma_1 > \sigma_2$ のときだけ仮説 H_0 を棄却すればよい．よって対立仮説 H_1 としては

$$H_1: \sigma_1^2 > \sigma_2^2$$

とするのが適当である．

検定方法は(1)式で与えられる．各標本の標本分散は

$$s_1^2 = 0.0640 \quad (\text{A})$$
$$s_2^2 = 0.0179 \quad (\text{B})$$

となるから

$$\frac{s_1^2}{s_2^2} = \frac{0.0640}{0.0179} = 3.575$$

一方，有意水準 α を 0.05 とすると

$$F(n_1-1, n_2-1 ; \alpha) = F(9, 9 ; 0.05) = 3.18$$

であるから，H_0 は棄却される．対立仮説 H_1 は $\sigma_1^2 > \sigma_2^2$ であるから，社員 A は分析能力をもっていないと判断される．

§5 分散が等しい2つの正規母集団の平均の差の推測

2つの正規母集団において，母分散が等しいことはわかっているが，その分散の値 (σ^2) はわからないという場合である．では，分散が等しいことをどうして判断するか．前節で与えた等分散検定を行ない，等分散という仮説が棄却されなかったならば等分散とみなすことが多い．

2つの正規母集団 $N(\mu_1, \sigma^2), N(\mu_2, \sigma^2)$ からそれぞれ大きさ n_1, n_2 の標本が得られているとし，各標本から計算される標本平均を $\bar{x}_1$,

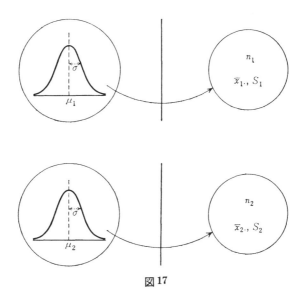

図17

$\bar{x}_2.$, 平方和を S_1, S_2 とする (図 17 参照). 母数 μ_1, μ_2, σ^2 はいずれも未知であり, 標本から $\mu_1-\mu_2$ の推測をしよう.

仮説検定(有意水準 α)

仮説

$$H_0: \mu_1-\mu_2 = \delta_0 \quad (\delta_0 \text{ は或る定まった数値})$$

の検定を考える. §1(2) の (iv) より, H_0 が正しいときには

$$[(\bar{x}_1.-\bar{x}_2.)-\delta_0]\Big/\sqrt{\left(\frac{1}{n_1}+\frac{1}{n_2}\right)\left(\frac{S_1+S_2}{n_1+n_2-2}\right)}$$

は自由度 n_1+n_2-2 の t 分布にしたがう. したがって, この統計量に対して棄却域を適当に設けてやればよい.

(i) $H_1: \mu_1-\mu_2 > \delta_0$ の場合

H_0 が間違っていて H_1 が正しいときには,

$$[(\bar{x}_1.-\bar{x}_2.)-\delta_0]\Big/\sqrt{\left(\frac{1}{n_1}+\frac{1}{n_2}\right)\left(\frac{S_1+S_2}{n_1+n_2-2}\right)}$$

は大きい値になることが期待される.したがって,H_0 が間違っていて H_1 が正しいときの検出力を大きくするには,棄却域を全部右側に設けるのがよい.よって検定方法は

$$W : \frac{(\bar{x}_{1\cdot}-\bar{x}_{2\cdot})-\delta_0}{\sqrt{\left(\frac{1}{n_1}+\frac{1}{n_2}\right)\left(\frac{S_1+S_2}{n_1+n_2-2}\right)}} > t(n_1+n_2-2, 2\alpha) \qquad (1)$$

とする.

(ii) $H_1 : \mu_1-\mu_2 < \delta_0$ の場合

(i)と同じ考え方から,この場合には,棄却域を全部左側に設ける.よって検定方法は

$$W : \frac{(\bar{x}_{1\cdot}-\bar{x}_{2\cdot})-\delta_0}{\sqrt{\left(\frac{1}{n_1}+\frac{1}{n_2}\right)\left(\frac{S_1+S_2}{n_1+n_2-2}\right)}} < -t(n_1+n_2-2, 2\alpha) \qquad (2)$$

とする.

(iii) $H_1 : \mu_1-\mu_2 \neq \delta_0$ の場合

$\mu_1-\mu_2 > \delta_0$,$\mu_1-\mu_2 < \delta_0$ のどちらであってもよいようにという考え方から,棄却域を両側に $\frac{\alpha}{2}$ ずつ設ける.よって検定方法は

$$W : \left|\frac{(\bar{x}_{1\cdot}-\bar{x}_{2\cdot})-\delta_0}{\sqrt{\left(\frac{1}{n_1}+\frac{1}{n_2}\right)\left(\frac{S_1+S_2}{n_1+n_2-2}\right)}}\right| > t(n_1+n_2-2, \alpha) \qquad (3)$$

とする.

点 推 定

§3 の議論から,$\hat{\mu}_1=\bar{x}_{1\cdot}, \hat{\mu}_2=\bar{x}_{2\cdot}$ であるから,母平均の差 $\mu_1-\mu_2$ は $\bar{x}_{1\cdot}-\bar{x}_{2\cdot}$ で推定する.この推定量の性質としては,§1(2)の(i)より,

$$E(\bar{x}_{1\cdot}-\bar{x}_{2\cdot}) = \mu_1-\mu_2$$

$$D(\bar{x}_{1.}-\bar{x}_{2.}) = \sqrt{\left(\frac{1}{n_1}+\frac{1}{n_2}\right)\sigma^2}$$

が得られる.

区間推定(信頼度 $1-\alpha$)

$\mu_1-\mu_2$ の信頼区間を構成しよう. §1(2)の(iv)より,

$$[(\bar{x}_{1.}-\bar{x}_{2.})-(\mu_1-\mu_2)]\Big/\sqrt{\left(\frac{1}{n_1}+\frac{1}{n_2}\right)\left(\frac{S_1+S_2}{n_1+n_2-2}\right)}$$

は自由度 n_1+n_2-2 の t 分布にしたがうから

$$\Pr\left\{-t(n_1+n_2-2,\alpha) < \frac{(\bar{x}_{1.}-\bar{x}_{2.})-(\mu_1-\mu_2)}{\sqrt{\left(\frac{1}{n_1}+\frac{1}{n_2}\right)\left(\frac{S_1+S_2}{n_1+n_2-2}\right)}} < t(n_1+n_2-2,\alpha)\right\}$$
$$= 1-\alpha \qquad (4)$$

が得られる. $\mu_1-\mu_2$ の信頼区間を求めるのであるから,(4)式の左辺の括弧内の不等式を変形して,$\mu_1-\mu_2$ を真ん中に挟めばよい.したがって,$\mu_1-\mu_2$ の信頼度 $(1-\alpha)$ の信頼区間として

$$(\bar{x}_{1.}-\bar{x}_{2.}) \pm t(n_1+n_2-2,\alpha)\sqrt{\left(\frac{1}{n_1}+\frac{1}{n_2}\right)\left(\frac{S_1+S_2}{n_1+n_2-2}\right)} \qquad (5)$$

を得る.

注8 この節では,2つの母分散 σ_1^2 と σ_2^2 とは等しい,つまり等分散の仮定をおいて $\mu_1-\mu_2$ の推測を議論した.もし $\sigma_1^2=\sigma_2^2$ が仮定できないときには,仮説 $H_0: \mu_1-\mu_2=\delta_0$ の正確な検定法,および $\mu_1-\mu_2$ の正確な信頼区間は存在しない.したがって,近似的な検定法や信頼区間がいくつか作られている.

しかし実際の場面で考えると,母分散 σ_1^2 と σ_2^2 の大きさが異なるということは,2つの母集団が"質的に"異なっていることを示しており,このような状況では,2つの母平均 μ_1, μ_2 の差の検定などは必要ないのではないか,という見方もある.

例題7 P, Q 2 社のシェーバー(充電式)について,充電後の使用可能時間を比較するために,両社のシェーバーを各10個ずつ選び,

充電後の使用可能時間を調べたところ次のデータを得た．P社，Q社の間に差があるといえるか．もし差があるとすれば，その差はどれぐらいであるか．

P 社：19.8　22.4　20.6　21.5　21.2　20.6　20.6　19.7　21.3　20.7
Q 社：21.8　19.7　18.2　19.5　18.6　18.9　19.6　21.2　19.7　19.1

解説　このデータを一見したところ，P社の方が使用可能時間は長いように思える．しかしこのことからいきなり，P社の方が使用可能時間は長いと断定してはいけない．その理由は，これらはたまたま10個ずつのシェーバーのデータであり，別の10個ずつのシェーバーのデータをとると，こんどはQ社の方に大きいデータが出るかも知れないからである．われわれは母集団としての比較をしたいのであるから，標本から母集団への推測である検定や推定をしてみる必要がある．

P社，Q社のシェーバーの使用可能時間は，それぞれ正規分布 $N(\mu_1, \sigma_1^2), N(\mu_2, \sigma_2^2)$ にしたがうと考える．P社，Q社の使用可能時間に違いがあるかどうかということは，母平均 μ_1, μ_2 の間に違いがあるかどうか，ということと考えてよい．μ_1 と μ_2 との差を調べるために，まず母分散 σ_1^2 と σ_2^2 とが等しいとみなせるかどうかを検討する．

そこでまず，仮説
$$H_0: \quad \sigma_1^2 = \sigma_2^2$$
の検定をしてみる．σ_1^2, σ_2^2 について何の事前情報もなく，単に σ_1^2 と σ_2^2 とが異なっているかどうかの問題であるから，対立仮説 H_1 としては，
$$H_1: \quad \sigma_1^2 \neq \sigma_2^2$$
とするのが適当である．したがって検定方式は§4の(5)式である．P社が第1の母集団，Q社が第2の母集団であるから，各標本の統

計量の値は次のようになる．

$$n_1 = 10, \quad \bar{x}_1. = 20.84, \quad S_1 = 5.784, \quad s_1^2 = 0.6427$$
$$n_2 = 10, \quad \bar{x}_2. = 19.63, \quad S_2 = 11.121, \quad s_2^2 = 1.2357$$

s_2^2 の方が大きいので，比 s_2^2/s_1^2 を計算する．

$$\frac{s_2^2}{s_1^2} = \frac{1.2357}{0.6427} = 1.923$$

一方，有意水準 α を 0.05 とすると

$$F\left(n_2-1, n_1-1 ; \frac{\alpha}{2}\right) = F(9, 9 ; 0.025) = 4.03$$

であるから，有意ではない．つまり，等分散であるという仮説は棄却されない．仮説検定においては，仮説が棄却されないということは仮説が正しいということではないが，いまの場合，等分散であることを否定するような事前情報は特にないので，等分散であるとみなして推測を進めていく．

次に，母平均 μ_1 と μ_2 との間に差があるかどうかをみるため，仮説

$$H_0 : \mu_1 - \mu_2 = 0 \quad \text{(P 社，Q 社の間に差がない)}$$

の検定をする．対立仮説 H_1 としては

$$H_1 : \mu_1 - \mu_2 \neq 0$$

とする．そうすると検定方式は(3)式となる．

$$\left|\frac{(\bar{x}_1. - \bar{x}_2.) - \delta_0}{\sqrt{\left(\frac{1}{n_1}+\frac{1}{n_2}\right)\left(\frac{S_1+S_2}{n_1+n_2-2}\right)}}\right| = \left|\frac{(20.84-19.63)-0}{\sqrt{\left(\frac{1}{10}+\frac{1}{10}\right)\left(\frac{5.784+11.121}{10+10-2}\right)}}\right|$$
$$= 2.79$$

一方，有意水準 α を 0.05 とすると

$$t(n_1+n_2-2, \alpha) = t(18, 0.05) = 2.101$$

であるから，仮説 H_0 は棄却される．よって P 社，Q 社の使用可能

時間には有意な差があると考えてよい.

ではその差はどれぐらいであるか. 差の推定をしよう. P 社, Q 社の平均の差 $\mu_1 - \mu_2$ は $\bar{x}_1. - \bar{x}_2.$ で推定される.

$$\bar{x}_1. - \bar{x}_2. = 20.84 - 19.63 = 1.21$$

であるから, 使用可能時間は P 社の方が平均1.21 分だけ長いと考えてよい. 次に $\mu_1 - \mu_2$ の 95% 信頼区間は, (5)式より,

$$(\bar{x}_1. - \bar{x}_2.) \pm t(n_1 + n_2 - 2, \alpha) \sqrt{\left(\frac{1}{n_1} + \frac{1}{n_2}\right)\left(\frac{S_1 + S_2}{n_1 + n_2 - 2}\right)}$$

$$= 1.21 \pm t(18, 0.05) \sqrt{\left(\frac{1}{10} + \frac{1}{10}\right)\left(\frac{5.784 + 11.121}{10 + 10 - 2}\right)}$$

$$= 1.21 \pm 2.101 \times 0.433$$

$$= 1.21 \pm 0.91 = (0.30, 2.12)$$

したがって, P 社と Q 社の使用可能時間の差は, 信頼度 95% で 0.30 分から 2.12 分の間であると考えてよい.

練習問題 8

1. 測定の'精度'は, 同じものを何回か測定したときの測定値のばらつき(標準偏差)で測られ, ばらつきが小さいほど分析能力が高いとみなされる. 或る品物の α 成分含有率を測定するのに, 熟練の分析技術者であれば, 測定値の標準偏差 σ は 0.25 である.

或る新入技術者が分析能力をもっているかどうかを調べるため, この技術者に 1 つの試料の α 成分含有率を 10 回測定させたところ, 次の測定値を出してきた. この新入技術者は分析能力をもっていると判断してよいか.

```
7.8   8.0   7.7   7.4   8.1
7.9   8.8   8.1   8.2   7.9   (単位 %)
```

2. K 大学の学生の 1 カ月あたりの'こづかい'の平均 μ を推定したい. 1 カ月あたりの'こづかい'の分布は近似的に標準偏差 $\sigma = 6000$(円)の正規

分布をしていると仮定して，次の問に答えよ．

(i) 49人の学生をランダムに選び，彼等の'こづかい'の平均値 $\bar{x}$ でもって μ を推定することにする．この際，推定値の誤差はいくらぐらいと考えてよいか．

(ii) (i)において，μ を，確率 99.7% で誤差 1000 円以下で推定したい．このためには何人の学生をランダムに選ぶ必要があるか．

3. 化合物の或る成分の含有量(%)を測定するのに，A 法，B 法の 2 つの方法がある．A 法，B 法の間に違いがあるかどうかを調べるため，6 個の試料をもってきて，おのおのについて A, B 両法で測定を行ない，次のデータを得た．

A 法と B 法との間に違いがあると考えるべきか．

試料	1	2	3	4	5	6
A 法	12.40	11.21	13.28	14.70	13.71	10.49
B 法	12.64	11.28	13.18	14.87	13.83	10.47

4. 或る製品を A, B の 2 社が製造している．両者の製品の間で強度 (kg/cm^2) に違いがあるかどうかを知りたい．このため，両社の製品からそれぞれ 10 個ずつの製品を取り出し，強度を測定したところ下表のデータが得られた．

A 社製品，B 社製品の間で強度に違いがあるかどうかを検討せよ．

強　度

A 社	35.5 32.6 34.4 36.4 34.1 33.5 33.0 35.8 32.6 34.1
B 社	34.8 36.5 34.8 34.0 37.5 35.9 33.9 33.0 33.3 36.0

5. §4 において，仮説

$$H_0 : \frac{\sigma_2{}^2}{\sigma_1{}^2} = \rho_0{}^2 \quad (\rho_0{}^2 \text{ は或る定まった数値})$$

の有意水準 α の検定方式を導け．

第9章
母集団比率の推測

この章では,母集団比率 p をもつ2項母集団の比率 p の推測方法を与える.母集団比率 p をもつ2項母集団とは,母集団を構成する'もの'は,或る特性をもつ(数字1で表わす),もたない(数字0で表わす)のいずれかであり,特性をもつ'もの'の割合(数字1の割合)が p であるような母集団である.この場合の p の推測については第5章で1通り説明しているが,この章ではさらに詳しく解説する.

第8章と同じように,この章で使う統計量の分布についての結果を,§1にまとめておいた.

§1 準備――統計量の分布

ここでは,この章で用いる統計量の分布についての結果をまとめておく.

(1) 母集団比率 p をもつ2項母集団から大きさ n の標本 $(x_1, x_2, \cdots, x_n)$ を得ているとする.x_i は0または1であるから,標本は0と1とからなる数列である.このことをまず注意しておく.したがって,標本和 $\sum_i^n x_i$ は標本における1の個数となり,標本平均 $\bar{x} = \frac{1}{n}\sum_i^n x_i$ は標本における1の比率,つまり標本比率となる.

(i) $\sum_i^n x_i$ は2項分布 $B(n, p)$ にしたがう.

(ii) 統計量 $\sum_i^n x_i$, $\frac{1}{n}\sum_i^n x_i$ の期待値,標準偏差は次のようにな

る．

$$E\left(\sum_i^n x_i\right) = np \tag{1}$$

$$D\left(\sum_i^n x_i\right) = \sqrt{np(1-p)} \tag{2}$$

$$E\left(\frac{1}{n}\sum_i^n x_i\right) = p \tag{3}$$

$$D\left(\frac{1}{n}\sum_i^n x_i\right) = \sqrt{\frac{p(1-p)}{n}} \tag{4}$$

(iii) $\sum_i^n x_i$ は，n が大きいとき，近似的に正規分布
$$N(np, np(1-p))$$
にしたがう．

<u>解説</u> (i)は 2 項分布の定義から明らかである．(ii)の(1)式と(2)式は，$\sum_i^n x_i$ が $B(n,p)$ にしたがうことと，$B(n,p)$ の平均と標準偏差がそれぞれ np, $\sqrt{np(1-p)}$ であることから明らかである．(iii)は，第4章§9 の 2 項分布の正規近似を示す定理 2 より得られる．

(2) 母集団比率 p_1, p_2 をもつ 2 つの 2 項母集団からそれぞれ大きさ n_1, n_2 の標本 $(x_{11}, x_{12}, \cdots, x_{1n_1})$, $(x_{21}, x_{22}, \cdots, x_{2n_2})$ を得ているとする．$\frac{1}{n_1}\sum_j^{n_1} x_{1j}$, $\frac{1}{n_2}\sum_j^{n_2} x_{2j}$ はそれぞれ標本における 1 の比率である．

(i) $$E\left(\frac{1}{n_1}\sum_j^{n_1} x_{1j} - \frac{1}{n_2}\sum_j^{n_2} x_{2j}\right) = p_1 - p_2 \tag{5}$$

$$D\left(\frac{1}{n_1}\sum_j^{n_1} x_{1j} - \frac{1}{n_2}\sum_j^{n_2} x_{2j}\right) = \sqrt{\frac{p_1(1-p_1)}{n_1} + \frac{p_2(1-p_2)}{n_2}} \tag{6}$$

(ii) $\frac{1}{n_1}\sum_j^{n_1} x_{1j} - \frac{1}{n_2}\sum_j^{n_2} x_{2j}$ は，n_1, n_2 が大きいとき，近似的に正規分布 $N\left(p_1-p_2, \frac{p_1(1-p_1)}{n_1} + \frac{p_2(1-p_2)}{n_2}\right)$ にしたがう．

§2 母集団比率の推測

母集団比率 p をもつ2項母集団から大きさ n の標本 $(x_1, x_2, \cdots, x_n)$ を得ている(図1参照). これをもとに, 母集団比率 p の推測をしよう. 統計量として

$$\sum_i^n x_i = 標本における1の個数$$

を用いる.

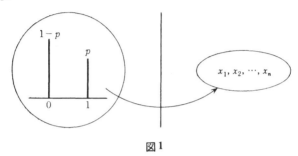

図1

仮説検定(有意水準 α)

仮説

$$H_0: p = p_0 \quad (p_0 は或る定まった数値)$$

の検定を考える. §1の(1)の(iii)によって, n が大きいときには, $\sum_i^n x_i$ は近似的に正規分布 $N(np, np(1-p))$ にしたがう. したがって, これを標準化した $\left(\sum_i^n x_i - np\right)\Big/\sqrt{np(1-p)}$ は標準正規分布 $N(0,1)$ にしたがう. よって仮説 H_0 が正しいとすると,

$$\left(\sum_i^n x_i - np_0\right)\Big/\sqrt{np_0(1-p_0)}$$

は $N(0,1)$ にしたがうことになるから, これに対して棄却域を適当に設けてやればよい.

(i) $H_1: p > p_0$ の場合

H_1 が正しいときには $\sum_i^n x_i$ は大きい値をとりやすくなるから,

$\left(\sum_i^n x_i - np_0\right)\bigg/\sqrt{np_0(1-p_0)}$ は大きい値をとりやすい．したがって，H_1 が正しいときの検出力を大きくするためには，棄却域を全部右側にもってくるのがよい．よって検定方法は

$$W : \frac{\sum_i^n x_i - np_0}{\sqrt{np_0(1-p_0)}} > u(2\alpha) \tag{1}$$

とする．

(ii) $H_1 : p < p_0$ の場合

(i)と同じ考え方から，この場合には棄却域を全部左側にもってくるのがよい．よって検定方法は

$$W : \frac{\sum_i^n x_i - np_0}{\sqrt{np_0(1-p_0)}} < -u(2\alpha) \tag{2}$$

とする．

(iii) $H_1 : p \neq p_0$ の場合

$p > p_0$, $p < p_0$ のどちらであっても或る程度の検出力があるようにという考え方から，棄却域を両側に $\dfrac{\alpha}{2}$ ずつ設ける．よって検定方法は

$$W : \frac{\left|\sum_i^n x_i - np_0\right|}{\sqrt{np_0(1-p_0)}} > u(\alpha) \tag{3}$$

とする．

点推定

$\dfrac{1}{n}\sum_i^n x_i$ は p に対応する標本比率であるから，$\dfrac{1}{n}\sum_i^n x_i$ でもって母集団比率 p を推測することが考えられる．事実，§1の(1)の(ii)より，

$$E\left(\frac{1}{n}\sum_i^n x_i\right) = p \tag{4}$$

であるから，$\dfrac{1}{n}\sum_i^n x_i$ は p の不偏推定量である．また，$\dfrac{1}{n}\sum_i^n x_i$ は

p の不偏最小分散推定量になっている.このことから,p の点推定量としては $\dfrac{1}{n}\sum_{i}^{n}x_i$ を用いる.

推定量 $\dfrac{1}{n}\sum_{i}^{n}x_i$ の精度を表わす標準偏差は,§1 の (1) の (ii) より,

$$D\left(\frac{1}{n}\sum_{i}^{n}x_i\right)=\sqrt{\frac{p(1-p)}{n}} \tag{5}$$

である.

区間推定(信頼度 $1-\alpha$)

§1 の (1) の (iii) によって,$\sum_{i}^{n}x_i$ は,n が大きいとき,近似的に正規分布 $N(np, np(1-p))$ にしたがうから,これを標準化した $\left(\sum_{i}^{n}x_i-np\right)\big/\sqrt{np(1-p)}$ は近似的に標準正規分布 $N(0,1)$ にしたがう.よって

$$\Pr\left\{-u(\alpha)<\frac{\sum_{i}^{n}x_i-np}{\sqrt{np(1-p)}}<u(\alpha)\right\}=1-\alpha \tag{6}$$

が得られる(図2参照).

いま p の信頼区間を求めようとしているのであるから,(6)式の左辺の括弧内の不等式を変形し $A<p<B$ の形にする必要がある.ただし,A, B は標本から計算できる量である.括弧内の不等式を変形すると

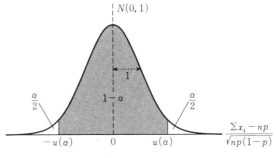

図2 信頼区間の構成

$$\left(1+\frac{1}{n}u^2(\alpha)\right)p^2-\left(\frac{1}{n}u^2(\alpha)+2\frac{1}{n}\sum_i^n x_i\right)p+\left(\frac{1}{n}\sum_i^n x_i\right)^2<0 \tag{7}$$

が得られる．(7)式において p^2 の係数は正であるから，(7)式の不等式の不等号を等号に置きかえて得られる2次方程式

$$\left(1+\frac{1}{n}u^2(\alpha)\right)p^2-\left(\frac{1}{n}u^2(\alpha)+2\frac{1}{n}\sum_i^n x_i\right)p+\left(\frac{1}{n}\sum_i^n x_i\right)^2=0 \tag{8}$$

の2根を $s_1, s_2 (s_1<s_2)$ とすると，(7)式は $s_1<p<s_2$ と同値である．よって(6)式は

$$\Pr\{s_1<p<s_2\}=1-\alpha \tag{9}$$

となる．この式は，p の信頼度 $1-\alpha$ の信頼区間が

$$(s_1, s_2) \tag{10}$$

で与えられることを示している．

実際には，計算が面倒である(10)式の代りに，次の近似的な信頼区間が用いられる．(6)の左辺の括弧内の不等式を変形することにより

$$\Pr\left\{\frac{1}{n}\sum_i^n x_i-u(\alpha)\sqrt{\frac{p(1-p)}{n}}<p<\frac{1}{n}\sum_i^n x_i+u(\alpha)\sqrt{\frac{p(1-p)}{n}}\right\}$$
$$=1-\alpha \tag{11}$$

が得られる．(11)式は，左辺の括弧内の不等式の上限，下限に未知母数 p を含んでいるので，p の信頼区間を与える式にはなっていない．そこで，1つの便法として，左辺の括弧内の不等式の上限，下限にある p を，それの推定値 $\hat{p}=\frac{1}{n}\sum_i^n x_i$ で置きかえて，p の信頼度 $1-\alpha$ の信頼区間を

$$\frac{1}{n}\sum_i^n x_i \pm u(\alpha)\sqrt{\frac{1}{n}\left[\left(\frac{1}{n}\sum_i^n x_i\right)\left(1-\frac{1}{n}\sum_i^n x_i\right)\right]} \tag{12}$$

とする.

p の信頼区間の作り方として 2 つの方法——(10) 式と (12) 式——を示したが, n が大きいときには両者の差は殆どない.

1 例として, $n=600$, $\sum_{i}^{n} x_i = 420$ の場合に対して, p の 95% 信頼区間を求めてみよう. まず, (10) 式を使って求めてみる. 信頼度は 95% であるから, $1-\alpha=0.95$, $\alpha=0.05$ である. したがって $u(\alpha)=1.96$ となり, 2 次方程式 (8) 式は

$$\left(1+\frac{(1.96)^2}{600}\right)p^2 - \left(\frac{(1.96)^2}{600} + 2 \times \frac{420}{600}\right)p + \left(\frac{420}{600}\right)^2 = 0$$

$$1.006 p^2 - 1.406 p + 0.49 = 0$$

となる. この方程式の 2 根は 0.664, 0.734 であるから, p の 95% 信頼区間は (0.664, 0.734) となる. 次に, (12) 式を使って求めてみる. (12) 式より

$$\frac{420}{600} \pm 1.96 \sqrt{\frac{1}{600}\left[\left(\frac{420}{600}\right)\left(1-\frac{420}{600}\right)\right]}$$

$$= 0.70 \pm 1.96 \sqrt{\frac{0.70 \times 0.30}{600}}$$

$$= 0.663, 0.737$$

よって p の 95% 信頼区間は (0.663, 0.737) である. これより, 両者の違いが殆どないことがわかるであろう.

このことから, p の信頼区間としては, 計算が簡単である (12) 式が使われることが多い.

例題 1 M 内閣の支持率を推定するために, 全国の有権者の中から $n=1500$ 人の有権者をランダムに抽出して調べたところ, そのうちの 564 人が M 内閣を支持すると答えた.

(i) M 内閣の支持率はいくらと推定されるか.

(ii) その推定値の誤差はどれぐらいと考えてよいか.

解説 (i) 日本の全有権者が母集団であり，各有権者に対し，M 内閣を支持する人には数字 1，そうでない人には数字 0 をそれぞれ対応させる．そうすると，母集団は 2 項母集団となり，母集団比率 p が M 内閣の支持率である．抽出された n 人の有権者についての数字を $(x_1, x_2, \cdots, x_n)$ とすると，問題から $\sum_i^n x_i = 564$ である．p は $\frac{1}{n}\sum_i^n x_i$ で推定する．よって

$$\hat{p} = \frac{1}{n}\sum_i^n x_i = \frac{564}{1500} = 0.376$$

つまり M 内閣の支持率は 37.6% と推定される．

(ii) 推定量 $\frac{1}{n}\sum_i^n x_i$ の分布は正規分布に近いと考える．そうすると，$\frac{1}{n}\sum_i^n x_i$ の期待値と標準偏差はそれぞれ(4)式と(5)式のようになるから，推定量 $\frac{1}{n}\sum_i^n x_i$ は正規分布 $N\left(p, \frac{p(1-p)}{n}\right)$ にしたがうと考えてよい(図3参照)．したがって，第8章の例題2と全く同じ考え方で，$\frac{1}{n}\sum_i^n x_i$ で p を推定するときの推定値の誤差は

確率 95% で，$2\sqrt{\frac{p(1-p)}{n}}$ 以下である

ということができる．p の値は未知であるので，いま求めた p の推

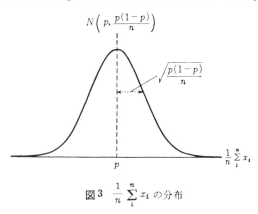

図3 $\frac{1}{n}\sum_i^n x_i$ の分布

定値 0.376 を上式に代入する.

$$2\sqrt{\frac{0.376(1-0.376)}{1500}} = 0.025$$

よって支持率 37.6% の誤差は，確率 95% で，2.5% 以下であると考えてよい.

例題 2 M 内閣の支持率 p を推定したい. 全国の有権者からランダムに何人かを抽出調査し，それにもとづいて p を推定する. 確率 95% で推定値の誤差を 2% 以下にするためには，何人の有権者を抽出しなければいけないか.

解説 例題 1 と同じ記号を使う. n 人の有権者を抽出し，その値を $(x_1, x_2, \cdots, x_n)$ とする. 例題 1 で説明したように，p の推定量は $\frac{1}{n}\sum_{i}^{n} x_i$ であり，この推定値の誤差は

確率 95% で，$2\sqrt{\frac{p(1-p)}{n}}$ 以下

である. したがって問題の要求を満足するためには，

$$2\sqrt{\frac{p(1-p)}{n}} \leq 0.02$$

でなければならない. つまり，n は

$$n \geq \left(\frac{2}{0.02}\right)^2 p(1-p) \tag{13}$$

でなければいけない.

n を決めるためには p の値を知らねばならない. もし過去の情報から，p の大体の値が予想できる場合にはその予想値を使う. いま 1 つの方法は，(13)式の p に $p=\frac{1}{2}$ を代入して

$$n \geq \left(\frac{2}{0.02}\right)^2 \times \frac{1}{2} \times \frac{1}{2} = 2500$$

とすることである. これは，$p(1-p)$ は $p=\frac{1}{2}$ のとき最大になるこ

とを利用し，安全側に n を決めたことになる．

注1 本書での議論はすべて，標本は母集団から全くランダムに抽出されるということを前提にしている．しかし，例題1,2においては，全国の有権者の中から全くランダムに n 人の有権者を抽出することは行なわれないのが普通である．このような場合には，例題1,2の推定値の誤差についての結果は少し修正されなければいけない．

例題3 或る市議会議員は，彼の提案する重要法案について，"市民の $\frac{3}{4}$ はこの法案に賛成している" と豪語している．彼の主張が正しいものであるかどうかをチェックするために，500人の市民をランダムに選び，この重要法案に対する賛否を聞いたところ，そのうちの355人が賛成と答えた．この議員の主張は正しいとみてよいか．

解説 この標本での賛成率は $\frac{355}{500}=0.71$ であって，$\frac{3}{4}=0.75$ にかなり近い．このことから，この議員の主張は正しいようにも思える．ところが，これはたまたまの標本についての話であるので，標本から母集団への統計的推測を行なってみる必要がある．

市民全体が母集団である．この法案に賛成する人には数字1，そうでない人には数字0をそれぞれ対応させると，数字1の割合 p が市民の賛成率であり，この p の値が知りたいのである．この母集団から $n=500$ の標本 $(x_1, x_2, \cdots, x_{500})$ を抽出したところ，$\sum_{i}^{500} x_i = 355$ であったことを問題はわれわれに与えている．

この議員は，p は $\frac{3}{4}$ である，と主張している．この主張が正しいかどうかを知ることが目的であるから，彼の主張が正しいという仮説

$$H_0: p = \frac{3}{4} \quad \text{(議員の主張は正しい)}$$

を立て，これを検定してみればよい．対立仮説 H_1 としては，

§2 母集団比率の推測

$$H_1: p < \frac{3}{4}$$

とするのが適当である．その理由は次のようになる．問題は，この市議会議員の主張は正しいとみてよいかどうか，ということである．議員の主張が正しいというのは $p=\frac{3}{4}$ であるが，$p>\frac{3}{4}$ の場合も議員の主張が正しいという範ちゅうに入る．したがって議員の主張が誤っているというのは，$p<\frac{3}{4}$ の場合であるとみてよい．検定したい仮説 H_0 は議員の主張は正しいという説であるから，$p<\frac{3}{4}$ のときだけ H_0 を棄却すればよい．したがって左片側対立仮説を選ぶのが適当である．

対立仮説が左片側対立仮説であるから，検定方法は(2)式となる．

$$\frac{\sum_i^n x_i - np_0}{\sqrt{np_0(1-p_0)}} = \frac{355 - 500 \times \frac{3}{4}}{\sqrt{500 \times \frac{3}{4} \times \left(1-\frac{3}{4}\right)}} = -2.07$$

一方，有意水準 α を 0.05 とすると

$$u(2\alpha) = u(0.10) = 1.645$$

であるから，H_0 は棄却される．したがって，この議員の主張は疑わしく，市民の賛成率は $\frac{3}{4}$ もない，と考えてよい．

例題 4 味，匂いなど，人間の感覚に関係する特性の測定は人間が行なう必要がある．この場合，検査員(パネル)に判定能力があるかどうかを調べたり，または 2 つの品物の間に差があるかどうかを調べたりする手法の 1 つとして **3 点識別法** がある．

図 4　3 点識別法

或る検査員が酒の味を判定する能力をもっているかどうかを調べたい．このために，銘柄 A の酒の入っているグラスを 2 つ，銘柄 B の酒の入っているグラスを 1 つ，計 3 つのグラスを，中味の銘柄がわからないようにして検査員に味わいさせる．3 つのグラスのうち 2 つが同じ銘柄であることを教え，異なった 1 つの銘柄のグラスを答えさせる．このような実験を，日を変えて 20 回行なったところ，12 回が正解であった．この検査員は味を識別する能力をもっていると考えてよいか．

解説 この検査員に識別能力がなく，でたらめに答えたとしても，正解を与える確率は $\frac{1}{3}$ だけある．検査員が正解を与える確率を p とするとき，p が $\frac{1}{3}$ であるということは，検査員に識別能力がないということであり，p が $\frac{1}{3}$ よりも大きいということは，検査員に識別能力があるということになる．問題は識別能力があるかどうかということであるから，仮説

$$H_0: p = \frac{1}{3} \quad (検査員に識別能力がない)$$

の検定をしてみる．もし仮説 H_0 が間違っていて検査員に識別能力があれば p は $\frac{1}{3}$ より大きいと考えられるから，対立仮説 H_1 としては，

$$H_1: p > \frac{1}{3}$$

とするのが適当である．この理由は言葉を変えて，$p < \frac{1}{3}$ ということも検査員に識別能力がないということであり，したがって $p < \frac{1}{3}$ のときには仮説 H_0 を棄却しなくてもよいからである，ということもできる．

対立仮説からして検定方法は (1) 式となる．p は正解率であるから，$\sum_{i}^{n} x_i$ は n 回中の正解数である．よって $n = 20$, $\sum_{i}^{n} x_i = 12$ であ

るから

$$\frac{\sum_i^n x_i - np_0}{\sqrt{np_0(1-p_0)}} = \frac{12 - 20 \times \dfrac{1}{3}}{\sqrt{20 \times \dfrac{1}{3} \times \left(1 - \dfrac{1}{3}\right)}} = 2.52$$

一方,有意水準 α を 0.05 とすると

$$u(2\alpha) = u(0.10) = 1.645$$

であるから,仮説 H_0 は棄却される.よって,この検査員は酒の味を識別する能力をもっていると考えてよい.

§3 2つの母集団比率の推測

母集団比率 p_1, p_2 をもつ 2 つの 2 項母集団から,それぞれ大きさ n_1, n_2 の標本 $(x_{11}, x_{12}, \cdots, x_{1n_1}), (x_{21}, x_{22}, \cdots, x_{2n_2})$ が得られているとする(図 5 参照).この標本をもとに,p_1, p_2 についての推測をしよう.統計量として

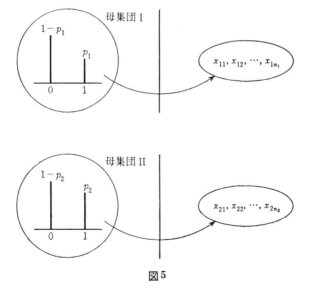

図 5

$$\sum_{j}^{n_1} x_{1j} = 母集団 \text{I} からの標本における 1 の個数$$

$$\sum_{j}^{n_2} x_{2j} = 母集団 \text{II} からの標本における 1 の個数$$

を用いる. また, 記号 $\hat{p}_1, \hat{p}_2$ を導入しておく.

$$\hat{p}_1 = \frac{1}{n_1} \sum_{j}^{n_1} x_{1j} = 母集団 \text{I} からの標本における 1 の比率$$

$$\hat{p}_2 = \frac{1}{n_2} \sum_{j}^{n_2} x_{2j} = 母集団 \text{II} からの標本における 1 の比率$$

仮説検定(有意水準 α)

仮説

$$H_0: \ p_1 = p_2$$

の検定を考える. §1 の (2) の (ii) より, $\hat{p}_1 - \hat{p}_2$ は近似的に正規分布 $N\left(p_1 - p_2, \dfrac{p_1(1-p_1)}{n_1} + \dfrac{p_2(1-p_2)}{n_2}\right)$ にしたがうから, これを標準化した

$$\frac{(\hat{p}_1 - \hat{p}_2) - (p_1 - p_2)}{\sqrt{\dfrac{p_1(1-p_1)}{n_1} + \dfrac{p_2(1-p_2)}{n_2}}} \tag{1}$$

は標準正規分布 $N(0,1)$ にしたがう. したがって仮説 H_0 が正しいならば,

$$\frac{\hat{p}_1 - \hat{p}_2}{\sqrt{p(1-p)\left(\dfrac{1}{n_1} + \dfrac{1}{n_2}\right)}} \tag{2}$$

は標準正規分布 $N(0,1)$ にしたがう. ここで $p_1 = p_2 \equiv p$ とおいた. (2)式の中には未知母数 p があるので, このままでは検定ができない. そこで, 1つの近似として, p のところに標本から計算できる p の推定値 $\hat{p}$ を代入し, 検定法を構成する.

p は仮説 H_0 が正しいとしたときの共通の母集団比率であるから,

§3 2つの母集団比率の推測

$\hat{p}$ としては,

$$\hat{p} = \frac{\sum_{j}^{n_1} x_{1j} + \sum_{j}^{n_2} x_{2j}}{n_1 + n_2} = \frac{2\text{つの標本中の1の総個数}}{2\text{つの標本の総個数}} \quad (3)$$

とするのが適当である.

(i) $H_1: p_1 > p_2$ の場合

H_0 が間違っていて H_1 が正しいときには(2)式は大きい値をとりやすい. したがって棄却域を全部右側にもっていくのがよい. よって検定方法は

$$W: \frac{\hat{p}_1 - \hat{p}_2}{\sqrt{\hat{p}(1-\hat{p})\left(\frac{1}{n_1} + \frac{1}{n_2}\right)}} > u(2\alpha) \quad (4)$$

とする.

(ii) $H_1: p_1 < p_2$ の場合

(i)と同じ考え方から, この場合には棄却域を全部左側にもっていくのがよい. よって検定方法は

$$W: \frac{\hat{p}_1 - \hat{p}_2}{\sqrt{\hat{p}(1-\hat{p})\left(\frac{1}{n_1} + \frac{1}{n_2}\right)}} < -u(2\alpha) \quad (5)$$

とする.

(iii) $H_1: p_1 \neq p_2$ の場合

$p_1 > p_2, p_1 < p_2$ のどちらであってもよいようにという考え方から, 棄却域を両側に $\frac{\alpha}{2}$ ずつ設ける. よって検定方法は

$$W: \frac{|\hat{p}_1 - \hat{p}_2|}{\sqrt{\hat{p}(1-\hat{p})\left(\frac{1}{n_1} + \frac{1}{n_2}\right)}} > u(\alpha) \quad (6)$$

とする.

点 推 定

p_1 の点推定量は $\hat{p}_1$, p_2 の点推定量は $\hat{p}_2$ であるから, p_1-p_2 は $\hat{p}_1-\hat{p}_2$ で推定する.

§1 の (2) の (i) より, $\hat{p}_1-\hat{p}_2$ は p_1-p_2 の不偏推定量であり, 精度を表わす標準偏差は

$$D(\hat{p}_1-\hat{p}_2) = \sqrt{\frac{p_1(1-p_1)}{n_1}+\frac{p_2(1-p_2)}{n_2}} \tag{7}$$

である.

区間推定(信頼度 $1-\alpha$)

(1)式が標準正規分布 $N(0,1)$ にしたがうという事実を使う. これより

$$\Pr\left\{-u(\alpha)<\frac{(\hat{p}_1-\hat{p}_2)-(p_1-p_2)}{\sqrt{\dfrac{p_1(1-p_1)}{n_1}+\dfrac{p_2(1-p_2)}{n_2}}}<u(\alpha)\right\} = 1-\alpha \tag{8}$$

が得られる. この式の左辺の括弧内の不等式を変形することにより

$$\Pr\left\{(\hat{p}_1-\hat{p}_2)-u(\alpha)\sqrt{\frac{p_1(1-p_1)}{n_1}+\frac{p_2(1-p_2)}{n_2}}<p_1-p_2\right.$$
$$\left.<(\hat{p}_1-\hat{p}_2)+u(\alpha)\sqrt{\frac{p_1(1-p_1)}{n_1}+\frac{p_2(1-p_2)}{n_2}}\right\} = 1-\alpha \tag{9}$$

が得られる. ここで, §2 の (12) 式と全く同じ考え方で, (9) 式の左辺の括弧内の不等式の上限, 下限にある p_1, p_2 を, それぞれの推定値 $\hat{p}_1, \hat{p}_2$ で置きかえる. そして, p_1-p_2 の信頼度 $1-\alpha$ の信頼区間を

$$(\hat{p}_1-\hat{p}_2)\pm u(\alpha)\sqrt{\frac{\hat{p}_1(1-\hat{p}_1)}{n_1}+\frac{\hat{p}_2(1-\hat{p}_2)}{n_2}} \tag{10}$$

とする.

例題 5 昨年度と今年度の M 内閣の支持率調査のデータは表 1

表1

年 度	抽出した有権者数	支持する人の数
昨年度	1200	480
今年度	1000	350

のようになっている．今年の M 内閣の支持率は昨年と比べて変化したと考えるべきか．

解説 この標本から支持率を計算すると，昨年度は 40％，今年度は 35％ でその差は 5％ である．このことから，今年度は支持率が下がったのではないか，ということを思わせる．しかしこの結果は，たまたまこの調査で抽出された特定の標本のことであるから，これから直ちに，支持率は変化した，または下がったと断定するわけにはいかない．統計的推測を行なってみる必要がある．

昨年度の支持率を p_1，今年度の支持率を p_2 とする．p_1, p_2 が未知母数であり，問題は，p_1 と p_2 との間に違いがあるかどうか，ということである．よって，p_1 と p_2 との間には差がないという仮説

$$H_0 : p_1 = p_2 \quad (\text{支持率は変化していない})$$

を検定してみればよい．対立仮説 H_1 としては，p_1, p_2 についての事前情報はなく，ただ単に p_1 と p_2 との間に違いがあるかどうかということであるから，

$$H_1 : p_1 \neq p_2$$

とするのが適当である．したがって検定方法は(6)式である．

題意より

$$n_1 = 1200, \quad \sum_j^{n_1} x_{1j} = 480, \quad n_2 = 1000, \quad \sum_j^{n_2} x_{2j} = 350$$

であるから

$$\hat{p}_1 = \frac{1}{n_1} \sum_j x_{1j} = \frac{480}{1200} = 0.40$$

$$\hat{p}_2 = \frac{1}{n_2} \sum_j x_{2j} = \frac{350}{1000} = 0.35$$

$$\hat{p} = \frac{\sum_j x_{1j} + \sum_j x_{2j}}{n_1 + n_2} = \frac{830}{2200} = 0.377$$

である. よって

$$\frac{|\hat{p}_1 - \hat{p}_2|}{\sqrt{\hat{p}(1-\hat{p})\left(\frac{1}{n_1} + \frac{1}{n_2}\right)}} = \frac{|0.40 - 0.35|}{\sqrt{0.377(1-0.377)\left(\frac{1}{1200} + \frac{1}{1000}\right)}} = 2.42$$

一方, 有意水準 α を 0.05 とすると

$$u(\alpha) = u(0.05) = 1.96$$

であるから, 仮説 H_0 は棄却される. したがって, 昨年と今年とで M 内閣の支持率は変化したと考えるべきである.

では支持率はどう変化したのか. この目的のためには推定をしてみればよい. 昨年と今年との支持率の差 $p_1 - p_2$ の点推定, 区間推定をしてみる.

$$\widehat{p_1 - p_2} = \hat{p}_1 - \hat{p}_2 = 0.40 - 0.35 = 0.05$$

であるから, 今年度は昨年度と比べて, 5% 程度支持率は下がったとみてよい. $p_1 - p_2$ の 95% 信頼区間を求めるには, (10)式を使えばよい. いま, $1 - \alpha = 0.95$ より $u(\alpha) = u(0.05) = 1.96$ であるから, (10)式は

$$(0.40 - 0.35) \pm 1.96 \sqrt{\frac{0.40(1-0.40)}{1200} + \frac{0.35(1-0.35)}{1000}}$$

$$= 0.05 \pm 1.96 \times 0.021$$

$$= 0.05 \pm 0.041 = (0.009, 0.091)$$

となる. したがって, 今年の昨年と比べた支持率の低下は, 信頼度 95% で, 1% から 9% の範囲と考えてよい.

例題 6 表 2 は, プロ野球セントラル・リーグの某球団の主軸打

§3　2つの母集団比率の推測

者2人の昭和57年度の打撃成績である．このデータからみて，打者 A, B の打撃能力に差があると考えるべきであろうか．

表2

打　者	打　数	安　打
A	467	147
B	353	94

解説　このデータでは，打者 A の打率は3割1分5厘，打者 B の打率は2割6分6厘で，その差は約5分もあり，打者 A の方が打撃能力が優れているように思える．ところが，打者 B としても，もっと打数が多くなれば3割近くを打つのかもわからない．このデータは，打数を限定したときの1つの成績であり，これからいきなり，打者 B の方が能力が劣る，と断定するわけにはいかない．打者 A, B の間に打撃能力に有意な差があるかどうかをみるには，統計的な推測をしてみる必要がある．

打者 A の真の打率を p_1，打者 B の真の打率を p_2 とする．そうすると，表2のデータは，母集団比率 p_1, p_2 をもつ2つの2項母集団からの標本データとみなされ，本節の記号では，

$$n_1 = 467, \quad \sum_{j}^{n_1} x_{1j} = 147$$

$$n_2 = 353, \quad \sum_{j}^{n_2} x_{2j} = 94$$

であることを示している．

問題は p_1, p_2 の間に違いがあるかどうか，ということであるから，p_1, p_2 の間には違いがないという仮説

$$H_0: p_1 = p_2$$

の検定をしてみればよい．対立仮説 H_1 としては，

$$H_1:\ p_1 \neq p_2$$

とするのが適当である．よって検定方法は(6)式である．

$$\hat{p}_1 = \frac{1}{n_1}\sum_j x_{1j} = \frac{147}{467} = 0.315$$

$$\hat{p}_2 = \frac{1}{n_2}\sum_j x_{2j} = \frac{94}{353} = 0.266$$

$$\hat{p} = \frac{\sum_j x_{1j} + \sum_j x_{2j}}{n_1 + n_2} = \frac{241}{820} = 0.294$$

であるから，

$$\frac{\hat{p}_1 - \hat{p}_2}{\sqrt{\hat{p}(1-\hat{p})\left(\frac{1}{n_1}+\frac{1}{n_2}\right)}} = \frac{|0.315 - 0.266|}{\sqrt{0.294(1-0.294)\left(\frac{1}{467}+\frac{1}{353}\right)}} = 1.52$$

一方，有意水準 α を 0.05 とすると

$$u(\alpha) = u(0.05) = 1.96$$

であるから，仮説 H_0 は棄却されない．したがって打者 A, B の打撃能力には有意な差は認められない．

打者 A, B の昭和 57 年度の打撃成績を比べた場合，表2からわかるように，はっきりとした差があり，打者 A の方が優れている．上の統計的推測は，打者 A, B の打撃能力を表わす真の打率が全く同じであっても，400 打数程度打った場合，表2の数字のような違いは起りうる，ということを教えているのである．最後に，これは全く統計数字上での考察であることを断っておく．

練習問題 9

1. 或る市の世帯におけるクーラーの保有率を推定したい．推定誤差 4% 以下で推定するためには，何世帯をランダムに抽出調査しなければいけないか．また抽出方法についても考えてみよ．

2. メンデルの遺伝法則によれば，或る種の交配の結果，赤色，黄色の出る割合は 3:1 ということになっている．実験の結果，赤色のものが 54 個，黄色のものが 26 個得られた．メンデルの法則は成り立っていると考えてよいか．（この問題は第 10 章の例題 1 で再びとりあげられ，そこでは別の方法による解析が行なわれている．）

3. スピーカー A, B の音質に差があるかどうかをみるため，50 人の人を選び，A, B 両方の音を聞かせた．その結果，33 人は A のほうが音質がよいと答え，17 人は B のほうがよいと答えた．この結果から直ちに，A のほうが音質がよいと判断してよいか．

4. 2 台の機械 M_1, M_2 が同じ製品を作っている．この 2 台の機械の不良率に差があるかどうかを調べるため，各機械からそれぞれ 700 個の製品を取り出して不良品の個数を調べたところ，M_1 からの不良品は 38 個，M_2 からの不良品は 24 個であった．機械 M_1, M_2 の間で不良率に差があると考えるべきか．

第10章
適合度と分割表の検定

 この章では，層別されたデータの個数，つまり'度数'でもって仮説を検定する方法をとりあげる．これは，これまでの検定手法と比べ，問題の定式化に難かしさがないので，日常的に使いやすい手法であるといえよう．

§1 適合度検定

 仮説 H_0 を検定するのに，度数を比較することにより簡単に行なう方法がある．

 実験の結果を k 個の級(セル)に分けておき，n 回の実験を行なう．各級にはいった実験結果の個数を'観測度数'として記録する．一方，仮説 H_0 が正しいとしたとき，各級にはいることが期待される度数'期待度数'を計算する．この観測度数と期待度数とがどれぐらい適合しているかでもって，仮説 H_0 を棄却したり，しなかったりする検定のやり方を**適合度検定**という．

 観測度数と期待度数とのズレの大きさを表わす尺度としては

$$Z = \sum_{i=1}^{k} \frac{(観測度数 - 期待度数)^2}{期待度数} \tag{1}$$

が用いられ，Z の値が大きいとき仮説 H_0 を棄却すればよい．ところで，n が大きいとき，Z は近似的に自由度 $k-r-1$ のカイ2乗分布をすることが示されているので，仮説 H_0 の有意水準 α の検定は

§1 適合度検定

$$W: Z > \chi^2(k-r-1, \alpha) \tag{2}$$

とすればよい.ここで r は,仮説 H_0 での期待度数を求めるのに,データから推定した未知母数の数である.

この適合度検定での対立仮説 H_1 は漠然と H_0 を否定するものであり,このような対立仮説の場合には,対立仮説を特に明記しないことが多い.

Z の分布の近似理論の関係で,各級での期待度数は 5 以上であることが望ましい.したがってこの条件が満たされない場合には,この条件に合うよう,いくつかの級をプールするとよい.

例題 1 メンデルの遺伝法則によれば,或る種の交配の結果,赤色,黄色の出る割合は 3:1,ということになっている.実験の結果,赤色のものが 54 個,黄色のものが 26 個得られた.メンデルの法則は成り立っていると考えてよいか.

解説 この実験データでは赤と黄の割合は $54:26 = 2.1:1$ となっており,3:1 とは少々ずれている.だからといって,これから直ちにメンデルの法則は誤りであるときめつけることはできない.なぜならば,実験には誤差があり,メンデルの法則が正しいとしても,きっちりと 3:1 になるものではないからである.

メンデルの法則が正しいとみなせるかどうかを,適合度検定によって判断してみよう.検定したい仮説 H_0 は

H_0:メンデルの法則は正しい,つまり赤色,黄色の出る割合は 3:1 である

である.

H_0 が正しいとしたときの期待度数は

$$赤色: 80 \times \frac{3}{4} = 60$$

黄色: $80 \times \dfrac{1}{4} = 20$

となる(表1参照). よって

$$Z = \frac{(54-60)^2}{60} + \frac{(26-20)^2}{20} = 2.4$$

表 1

	赤色	黄色	計
観測度数	54	26	80
期待度数	60	20	80

この例題では,級の数 k は,$k=2$,また H_0 が正しいとしたときの期待度数は H_0 から直接計算できたので,$r=0$ である.よって有意水準 α を 0.05 とすると

$$\chi^2(k-r-1, \alpha) = \chi^2(1, 0.05) = 3.84$$

したがって仮説 H_0 は棄却されない.つまり,メンデルの法則が正しいという説は否定されない.このことは,メンデルの法則が正しいことを証明しているのではなくて,この実験データはメンデルの法則と矛盾しない,ということをいっているに過ぎない.

実際には,この検定の結論と,他の諸事実などとを総合して,"メンデルの法則は正しい"という判断を下すことになる.

例題2 都市における1日当り交通事故での死亡者数はポアソン分布にしたがう,といわれている.第4章,例題6では,東京都の1982年1月1日から6月30日までの181日間のデータをもとに,このことを検討した.

ここでは,同じデータをもとに,1日当りの交通事故での死亡者数はポアソン分布にしたがうとみてよいかどうかを,適合度検定によって検討してみよう.

§1 適合度検定

解説 1日当りの死亡者数を x とおくとき，x がポアソン分布にしたがう確率変数とみなせるかどうか，という問題である．よって仮説

　　H_0：1日当りの交通事故での死亡者数はポアソン分布にしたがう

を立て，これの検定を適合度検定により行なってみる．

観測度数は第4章，表14に与えられている．仮説が正しいとしたときの期待度数を計算するためには，ポアソン分布の母数 λ を推定する必要がある．これについては第4章，例題6ですでに行なっており，もし死亡者数がポアソン分布にしたがうとすれば，それは $\lambda=1.10$ のポアソン分布 $P_0(1.10)$ である．よって仮説 H_0 が正しいとしたときの期待度数は第4章，表16の第3列のようになる．適合度検定では，各級の期待度数は5以上であることが望ましいので，死亡者数4以上の級をプールして1つの級とした．よって観測度数と期待度数は表2のようになる．

表2

1日当りの死亡者数	観測度数(f_i)	期待度数(E_i)	$f_i - E_i$	$(f_i - E_i)^2 / E_i$
0	67	60.3	6.7	0.74
1	61	66.3	-5.3	0.42
2	32	36.5	-4.5	0.55
3	12	13.4	-1.4	0.15
4以上	9	4.7	4.3	3.93
計	181	181.2	-0.2	5.79

表2より，

$$Z = \sum_{i=1}^{5} \frac{(f_i - E_i)^2}{E_i} = 5.79$$

いまの場合，級の数 k は，$k=5$ である．また，H_0 が正しいとした

ときの期待度数を求めるのに,データからポアソン分布の未知母数 λ を推定しているから,$r=1$ である.よって有意水準 α を 0.05 とすると

$$\chi^2(k-r-1, \alpha) = \chi^2(3, 0.05) = 7.81$$

であるから,H_0 は棄却されない.このことから,交通事故での死亡者数はポアソン分布にしたがうとみてよいであろう.

例題 3 窓口にお客が一定の率でランダムに来るとき,お客の到着する時間間隔は指数分布にしたがうといわれている.第 4 章,例題 11 では某銀行に来たお客の到着間隔のデータをもとに,このことを検討した.

ここでは同じ問題を,適合度検定を利用して検討してみよう.

解説 到着間隔を x とおくとき,x が指数分布にしたがうかどうかという問題であるから,仮説

H_0: 到着間隔は指数分布にしたがう

を立て,これの検定を適合度検定により行なう.

観測度数は第 4 章,表 20 に与えられている.仮説 H_0 が正しいとしたときの期待度数を求めるには,指数分布の母数 λ を推定する必

表 3

到着間隔(秒)	観測度数(f_i)	期待度数(E_i)	$f_i - E_i$	$(f_i - E_i)^2/E_i$
0 〜 14.5	39	36.5	2.5	0.17
14.5〜 29.5	31	26.2	4.8	0.88
29.5〜 44.5	9	18.0	−9.0	4.50
44.5〜 59.5	12	12.4	−0.4	0.01
59.5〜 74.5	6	8.5	−2.5	0.74
74.5〜 89.5	8	5.9	2.1	0.75
89.5〜119.5	7	6.8	0.2	0.01
119.5〜	8	5.8	2.2	0.83
計	120	120.1	−0.1	7.89

要がある．これについては第4章，例題11ですでに行なっており，もし到着間隔が指数分布にしたがうとすれば，それは $\lambda=\dfrac{1}{40}$ の指数分布である．よって，仮説 H_0 が正しいとしたときの期待度数は第4章，表21の第3列のようになる．適合度検定では，各級の期待度数は5以上であることが望ましいので，2つの階級，89.5～104.5と104.5～119.5とをプールして1つの級とし，119.5以上の階級をすべてプールして1つの級とした．その結果，観測度数と期待度数は表3のようになる．

表3より

$$Z = \sum_{i=1}^{8} \frac{(f_i - E_i)^2}{E_i} = 7.89$$

級の数 k は，$k=8$ であり，H_0 が正しいとしたときの期待度数を求めるのに，データから指数分布の未知母数 λ を推定しているから，$r=1$ である．よって有意水準 α を 0.05 とすると

$$\chi^2(k-r-1, \alpha) = \chi^2(6, 0.05) = 12.59$$

であるから，H_0 は棄却されない．このことから，お客の到着する時間間隔は指数分布にしたがうと考えてよいであろう．

§2 分割表の検定

母集団からランダムに n 個の個体を抽出し，それらを2種類の特性 A, B をもつ(A, B で表わす)か，もたない($\bar{A}, \bar{B}$ で表わす)かに

表4　2×2の分割表

	B	$\bar{B}$	計
A	f_{11}	f_{12}	$f_{1\cdot}$
$\bar{A}$	f_{21}	f_{22}	$f_{2\cdot}$
計	$f_{\cdot 1}$	$f_{\cdot 2}$	n

表5

	肺癌患者である	肺癌患者でない	計
タバコを吸う	16	2034	2050
タバコを吸わない	2	948	950
計	18	2982	3000

よって2重に分類し，表4の度数表を得たとする．このような表を
2×2の**分割表**とよぶ．

例えば，成人3000人をランダムに選び，各人を，肺癌患者である，ないの項目と，タバコを吸う，吸わないの項目との2重に分類し，表5が得られたとする．表5は2×2の分割表の1例である．

分割表において，特性 A をもつかもたぬかは，特性 B をもつかもたぬかに関係しないという仮説，つまり

H_0：縦の分類と横の分類とが独立である(または，特性 A と B とは独立である)

の検定を，適合度検定を用いて行なうことができる．

表5に対する仮説 H_0 は，肺癌と喫煙とは無関係であるという説となり，喫煙と肺癌との間に関係があるかどうかを調べるには，この仮説 H_0 を検定してみればよい．

H_0 の検定方法を導いてみよう．適合度検定であるから，H_0 が正しいとしたときの各級の期待度数を求める必要がある(表6参照)．特性 A をもつ確率を τ，特性 B をもつ確率を η とすると(したがって，特性 A をもたない確率は $1-\tau$，特性 B をもたない確率は $1-\eta$ である)，H_0 が正しいとしたとき，個体が各級に分類される確率は

級 (A, B) に分類される確率 $= \tau\eta$

級 $(A, \bar{B})$ に分類される確率 $= \tau(1-\eta)$

表6　期待度数

	B	$\bar{B}$	計
A	E_{11}	E_{12}	$f_{1\cdot}$
$\bar{A}$	E_{21}	E_{22}	$f_{2\cdot}$
計	$f_{\cdot 1}$	$f_{\cdot 2}$	n

§2 分割表の検定

級$(\bar{A}, B)$に分類される確率 $= (1-\tau)\eta$

級$(\bar{A}, \bar{B})$に分類される確率 $= (1-\tau)(1-\eta)$

となる．各級の期待度数を求めるためには，τ, η の値をすでに得ているデータ（表4）から推定する必要がある．τ, η の推定値 $\hat{\tau}, \hat{\eta}$ は

$$\hat{\tau} = \frac{f_{1\cdot}}{n}, \quad \hat{\eta} = \frac{f_{\cdot 1}}{n} \quad \left(1-\hat{\tau} = \frac{f_{2\cdot}}{n}, \ 1-\hat{\eta} = \frac{f_{\cdot 2}}{n}\right)$$

であるから

$$\begin{aligned}
&級(A, B) \text{の期待度数 } E_{11} = n\hat{\tau}\hat{\eta} = \frac{f_{1\cdot}f_{\cdot 1}}{n}\\
&級(A, \bar{B}) \text{の期待度数 } E_{12} = n\hat{\tau}(1-\hat{\eta}) = \frac{f_{1\cdot}f_{\cdot 2}}{n}\\
&級(\bar{A}, B) \text{の期待度数 } E_{21} = n(1-\hat{\tau})\hat{\eta} = \frac{f_{2\cdot}f_{\cdot 1}}{n}\\
&級(\bar{A}, \bar{B}) \text{の期待度数 } E_{22} = n(1-\hat{\tau})(1-\hat{\eta}) = \frac{f_{2\cdot}f_{\cdot 2}}{n}
\end{aligned} \quad (1)$$

となる．よって§1の(1)式より，

$$Z = \sum_{i=1}^{2}\sum_{j=1}^{2} \frac{(f_{ij}-E_{ij})^2}{E_{ij}} \quad (2)$$

となる．

期待度数を求めるのにデータから推定した未知母数は τ, η の2つであるから，カイ2乗分布の自由度は

$$k-r-1 = 4-2-1 = 1$$

である．したがって仮説 H_0 の有意水準 α の検定は

$$W : Z > \chi^2(1, \alpha) \quad (3)$$

となる．

検定統計量 Z を変形すると

$$Z = \frac{(f_{11}f_{22}-f_{12}f_{21})^2 n}{f_{1\cdot}f_{2\cdot}f_{\cdot 1}f_{\cdot 2}} \quad (4)$$

となる(証明は注1を参照).度数が少ない場合には,(2)式よりもこの式の方が計算が楽であろう.

注1 (4)式の証明. (1)式より

$$(f_{11}-E_{11})^2 = \left(f_{11}-\frac{f_1.f_{.1}}{n}\right)^2$$

$$= \left\{\frac{f_{11}(f_{11}+f_{12}+f_{21}+f_{22})-(f_{11}+f_{12})(f_{11}+f_{21})}{n}\right\}^2$$

$$= \left(\frac{f_{11}f_{22}-f_{12}f_{21}}{n}\right)^2$$

$$(f_{12}-E_{12})^2 = \left(f_{12}-\frac{f_1.f_{.2}}{n}\right)^2$$

$$= \left\{\frac{f_{12}(f_{11}+f_{12}+f_{21}+f_{22})-(f_{11}+f_{12})(f_{12}+f_{22})}{n}\right\}^2$$

$$= \left(\frac{f_{12}f_{21}-f_{11}f_{22}}{n}\right)^2 = \left(\frac{f_{11}f_{22}-f_{12}f_{21}}{n}\right)^2$$

同様にして

$$(f_{21}-E_{21})^2 = (f_{22}-E_{22})^2 = \left(\frac{f_{11}f_{22}-f_{12}f_{21}}{n}\right)^2$$

よって

$$Z = \sum_i^2 \sum_j^2 \frac{(f_{ij}-E_{ij})^2}{E_{ij}}$$

$$= \left(\frac{f_{11}f_{22}-f_{12}f_{21}}{n}\right)^2 \left(\frac{n}{f_1.f_{.1}}+\frac{n}{f_1.f_{.2}}+\frac{n}{f_2.f_{.1}}+\frac{n}{f_2.f_{.2}}\right)$$

$$= \frac{(f_{11}f_{22}-f_{12}f_{21})^2}{n}\frac{f_2.f_{.2}+f_2.f_{.1}+f_1.f_{.2}+f_1.f_{.1}}{f_1.f_2.f_{.1}f_{.2}}$$

$$= \frac{(f_{11}f_{22}-f_{12}f_{21})^2}{n}\frac{(f_1.+f_2.)(f_{.1}+f_{.2})}{f_1.f_2.f_{.1}f_{.2}}$$

$$= \frac{(f_{11}f_{22}-f_{12}f_{21})^2 n}{f_1.f_2.f_{.1}f_{.2}}$$

上の説明では,n 個の個体は母集団からランダムに抽出されたものとしている.しかしながら,例えば表5の分割表では,3000人の

成人をランダムに選んだとすると,肺癌患者は0人という不都合なことも起り得る.このような場合には,肺癌患者および正常な人をそれぞれ何人かずつ選び,これらの人々をタバコを吸う,吸わないで分類して分割表を作ってもよい(注2を参照).あとでとりあげる例題5,例題6はこのような標本抽出法になっている.

例題4 朝日新聞社が行なった中曾根内閣の支持率調査(中曾根内閣成立直後の1982年12月2日,3日の2日間にわたって行なわれたもの.調査方法については,第1章,例題5を参照)のデータから,男女別の支持状態を表にすると表7のようになる.この表は,標本として抽出された有権者2551人のうち,女性は1428人で,そのうち中曾根内閣を支持すると答えた人が485人,…,というように読む.(ただしこの数字は,朝日新聞1982年12月5日付朝刊の記事より推定したものであるから,実際の数字とは各級で数人程度の違いがあるかも知れない).

表7 中曾根内閣の支持状態

支持状態\性別	男	女	計
支持する	460	485	945
支持しない その他	663	943	1606
計	1123	1428	2551

表8 期待度数

支持状態\性別	男	女	計
支持する	416.0	529.0	945
支持しない その他	707.0	899.0	1606
計	1123	1428	2551

このデータでは,男性の支持率は41%,女性の支持率は34%となっており,女性の方が支持率が低いように見えるが,男,女により支持率に違いがあると考えるべきか.

解説 表7は2×2の分割表になっており,この表で縦の分類と横の分類とが独立(無関係)であるということは,支持率が男性,女性で変わらない,ということになる.よって仮説

H_0: 支持率は男性,女性で変わらない

を検定してみる．

仮説 H_0 が正しいとしたときの期待度数は，(1)式より，表8のようになる．例えば，表中の 416.0 という数字は

$$E_{11} = \frac{f_{1\cdot}f_{\cdot 1}}{n} = \frac{945 \times 1123}{2551} = 416.0$$

として得られる．残り3つの数字は計の数字からの引き算として求めてやればよい．表7と表8を用いて，(2)式より

$$Z = \frac{(460-416)^2}{416} + \frac{(485-529)^2}{529} + \frac{(663-707)^2}{707} + \frac{(943-899)^2}{899}$$

$$= 13.21$$

一方，有意水準 α を 0.05 とすると

$$\chi^2(1,\alpha) = \chi^2(1, 0.05) = 3.84$$

であるから，(3)式より，仮説 H_0 は棄却される．したがって，中曾根内閣の支持率は男，女間で差があり，男性の支持率の方が高いと考えてよい．

例題5 あざらし状奇形児を産んだ母親112人の妊娠中の生活を調べたところ，そのうちの90人は睡眠薬サリドマイドを服用したことがわかった．一方，正常児を産んだ母親188人について同様な調査をしたところ，そのうちの2人がサリドマイドを服用したことがわかった(レンツ(西独)による調査)．この結果は表9のような2

表9　観測度数

		母　親		計
		奇形児出産	正常児出産	
サリドマイド	服用	90	2	92
	非服用	22	186	208
	計	112	188	300

§2 分割表の検定

×2の分割表にまとめられる．

このデータをもとにして，サリドマイド服用と奇形児出産との関係を検討してみよう．

解説 表9の2×2分割表において，縦の分類と横の分類とが独立(無関係)であるという仮説，つまり仮説

H_0: サリドマイドは奇形児出産とは無関係である

を検定してみよう．

表10 期待度数

		母　親		計
		奇形児出産	正常児出産	
サリドマイド	服用	34.3	57.7	92
	非服用	77.7	130.3	208
計		112	188	300

仮説 H_0 が正しいとしたときの期待度数は，(1)式より，表10のようになる．よって(2)式より

$$Z = \frac{(90-34.3)^2}{34.3} + \frac{(2-57.7)^2}{57.7}$$
$$+ \frac{(22-77.7)^2}{77.7} + \frac{(186-130.3)^2}{130.3}$$
$$= 208.0$$

一方，有意水準 α を 0.05 とすると

$$\chi^2(1, \alpha) = \chi^2(1, 0.05) = 3.84$$

であるから，仮説 H_0 は棄却される($\chi^2(1, 0.01) = 6.63$ であるから，有意水準を1%としても仮説 H_0 は棄却される)．このことから，サリドマイド服用は奇形児出産と無関係とはいえない，と結論してよい．

表11 観測度数

	昨年度	今年度	計
支持する	480	350	830
支持しない その他	720	650	1370
計	1200	1000	2200

表12 期待度数

	昨年度	今年度	計
支持する	452.7	377.3	830
支持しない その他	747.3	622.7	1370
計	1200	1000	2200

例題6 第9章,例題5の問題をとりあげる.M内閣支持率調査の昨年度と今年度のデータを分割表の形で整理すると,表11のような2×2の分割表となる.

今年のM内閣の支持率は昨年と比べて変化したと考えるべきか.

解説 表11の分割表において,縦の分類と横の分類とが独立であるという仮説,つまり仮説

H_0: 昨年度と今年度とでM内閣の支持率は変化していない

の検定をしてみればよい.

仮説 H_0 が正しいとしたときの期待度数は,(1)式より,表12のようになる.よって(2)式より

$$Z = \frac{(480-452.7)^2}{452.7}$$
$$+ \frac{(350-377.3)^2}{377.3} + \frac{(720-747.3)^2}{747.3} + \frac{(650-622.7)^2}{622.7}$$
$$= 5.82$$

一方 $\chi^2(1, 0.05) = 3.84$ であるから,仮説 H_0 は棄却される.したがって,昨年と今年とではM内閣の支持率は変化していると考えてよい.

注2 表4の2×2の分割表において,特性 B をもつ集団(B),特性 B をもたない集団($\bar{B}$)から別々に標本が抽出され,それらが特性 A をもつかどうかで分類して分割表が作られている場合を考えよう.2つの特性 A, B の独立性の検定は,2つの母集団比率が等しいという仮説の検定と同じで

§2 分割表の検定

ある. なぜならば, 特性 A と B とが独立であるというのは, 集団 B が特性 A をもつ割合と集団 $\bar{B}$ が特性 A をもつ割合とが等しい, ということであるからである.

この場合, どちらの検定法を採用しても結果は全く一致することを示そう. 2つの母集団比率の検定とした場合の検定方式は, 第9章§3の(6)式となる(対立仮説は両側対立仮説としている). ここで表4の 2×2 分割表での記号を使うと

$$n_1 = f_{\cdot 1}, \quad n_2 = f_{\cdot 2}, \quad \hat{p}_1 = \frac{f_{11}}{f_{\cdot 1}}, \quad \hat{p}_2 = \frac{f_{12}}{f_{\cdot 2}}$$

$$\hat{p} = \frac{f_{11}+f_{12}}{f_{\cdot 1}+f_{\cdot 2}} = \frac{f_{1\cdot}}{n}$$

である. 検定統計量の2乗を Q とおくと

$$\begin{aligned}
Q &= \frac{(\hat{p}_1-\hat{p}_2)^2}{\hat{p}(1-\hat{p})\left(\dfrac{1}{n_1}+\dfrac{1}{n_2}\right)} = \frac{\left(\dfrac{f_{11}}{f_{\cdot 1}}-\dfrac{f_{12}}{f_{\cdot 2}}\right)^2}{\dfrac{f_{1\cdot}}{n}\dfrac{f_{2\cdot}}{n}\cdot\left(\dfrac{1}{f_{\cdot 1}}+\dfrac{1}{f_{\cdot 2}}\right)} \\
&= \frac{(f_{11}f_{\cdot 2}-f_{12}f_{\cdot 1})^2}{(f_{\cdot 1}f_{\cdot 2})^2}\frac{n^2}{f_{1\cdot}f_{2\cdot}}\frac{f_{\cdot 1}f_{\cdot 2}}{n} \\
&= \frac{\{f_{11}(f_{12}+f_{22})-f_{12}(f_{11}+f_{21})\}^2 n}{f_{1\cdot}f_{2\cdot}f_{\cdot 1}f_{\cdot 2}} = \frac{(f_{11}f_{22}-f_{12}f_{21})^2 n}{f_{1\cdot}f_{2\cdot}f_{\cdot 1}f_{\cdot 2}}
\end{aligned} \tag{5}$$

であり, 検定方法は

$$W: Q > \{u(\alpha)\}^2 \tag{6}$$

となる. u を標準正規分布にしたがう確率変数とするとき, $u(\alpha)$ は

$$\Pr\{|u|>u(\alpha)\} = \alpha \tag{7}$$

として定義されたものである(第4章§8参照). これは

$$\Pr\{u^2 > [u(\alpha)]^2\} = \alpha \tag{8}$$

と同値である. u^2 は自由度1のカイ2乗分布をする確率変数となるから(第7章の定理2参照), (8)式より

$$\{u(\alpha)\}^2 = \chi^2(1,\alpha)$$

が得られる. よって(6)式は

$$W: Q > \chi^2(1,\alpha) \tag{9}$$

となる．(4)式より，Q は 2×2 分割表における検定統計量 Z と同じであるから，(9)式と(3)式は同じとなる．よって，分割表の検定をしても，2つの母集団比率が等しいという仮説の検定をしても，結果は同じである．

例題6は，第9章の例題5と同じ問題を，2×2 の分割表の検定問題として解析したものである．ここでの数値 5.83 は，第9章，例題5の数値 2.42 を2乗したものとほぼ等しくなっている．

一般の $a\times b$ 分割表に対しても同様な結果が得られる．母集団からランダムに n 個の個体を抽出し，それらを2種類の特性 A, B の各カテゴリーによって分類して，表13の度数表が得られたとする．仮説

　H_0：縦の分類と横の分類とが独立である

　　（または，特性 A と B とは独立である）

の検定を，適合度検定を用いて行なうことができる．

表13　$a\times b$ の分割表

A \ B	B_1	B_2	$\cdots$	B_b	計
A_1	f_{11}	f_{12}	$\cdots$	f_{1b}	$f_{1\cdot}$
A_2	f_{21}	f_{22}	$\cdots$	f_{2b}	$f_{2\cdot}$
$\vdots$	$\vdots$	$\vdots$		$\vdots$	$\vdots$
A_a	f_{a1}	f_{a2}	$\cdots$	f_{ab}	$f_{a\cdot}$
計	$f_{\cdot 1}$	$f_{\cdot 2}$	$\cdots$	$f_{\cdot b}$	n

仮説が正しいとしたときの各級の期待度数を求めてみよう．1つの個体が級 (A_i, B_j) に属する確率を p_{ij} とおくと，仮説 H_0 は

$$H_0: p_{ij} = \tau_i \cdot \eta_j \quad i=1,2,\cdots,a\,;\,j=1,2,\cdots,b \quad (10)$$

と表わすこともできる．ここで，τ_i は特性 A がカテゴリー A_i に属する確率，η_j は特性 B がカテゴリー B_j に属する確率であり，$\tau_1+\tau_2+\cdots+\tau_a=1$，$\eta_1+\eta_2+\cdots+\eta_b=1$ である．したがって，H_0 が正しいとしたときの級 (A_i, B_j) の期待度数を E_{ij} とおくと

$$E_{ij} = n \cdot \tau_i \cdot \eta_j \qquad (11)$$

となる。τ_i, η_j は未知であるから，データから推定する必要がある。表 13 より，τ_i, η_j はそれぞれ

$$\hat{\tau}_i = \frac{f_{i\cdot}}{n}, \quad \hat{\eta}_j = \frac{f_{\cdot j}}{n}, \quad i=1,2,\cdots,a\ ;\ j=1,2,\cdots,b \qquad (12)$$

で推定されるから，(11)式より

$$級(A_i, B_j) の期待度数\ E_{ij} = n\hat{\tau}_i\hat{\eta}_j = \frac{f_{i\cdot}f_{\cdot j}}{n}$$
$$i=1,2,\cdots,a\ ;\ j=1,2,\cdots,b \qquad (13)$$

となる。よって §1 の (1) 式より

$$Z = \sum_{i=1}^{a}\sum_{j=1}^{b} \frac{(f_{ij}-E_{ij})^2}{E_{ij}} \qquad (14)$$

となる。

期待度数を求めるのにデータから推定した未知母数は $\tau_1, \tau_2, \cdots, \tau_{a-1}, \eta_1, \eta_2, \cdots, \eta_{b-1}$ の $(a-1)+(b-1)$ 個であるから $\left(\sum_i^a \tau_i = 1, \sum_j^b \eta_j = 1\ であることに注意\right)$，カイ 2 乗分布の自由度は

$$k-r-1 = ab-[(a-1)+(b-1)]-1 = (a-1)(b-1)$$

となる。よって仮説 H_0 の有意水準 α の検定は

$$W: Z > \chi^2((a-1)(b-1), \alpha) \qquad (15)$$

となる。

2×2 の分割表の場合と同じように，表 13 の分割表を作るのに，n 個の個体を母集団からランダムに抽出しないで，カテゴリー B_1 の集団から $f_{\cdot 1}$ 個，カテゴリー B_2 の集団から $f_{\cdot 2}$ 個，$\cdots$，カテゴリー B_b の集団から $f_{\cdot b}$ 個の標本を抽出し，これらを特性 A のカテゴリー $A_1, A_2, \cdots, A_a$ に分類してもよい。

例題 7 1 学年 118 人の学生の某学科目の成績を，自宅通学生，下宿などをして親元を離れて通学している学生とに分類してみると，

表14のようになった.

自宅通学生と下宿通学生との間に成績に違いがあると考えられるか.

解説 表14は3×2の分割表になっている. 表14において, 縦の分類と横の分類とが独立であるという仮説 H_0 は

H_0: 自宅通学生と下宿通学生との間には成績に差がない

となり, 問題の要求に対してはこの仮説の検定をしてみればよい.

表14 観測度数

	自宅通学生	下宿通学生	計
優	22	24	46
良	17	34	51
可	6	15	21
計	45	73	118

表15 期待度数

	自宅通学生	下宿通学生	計
優	17.5	28.5	46
良	19.4	31.6	51
可	8.1	12.9	21
計	45	73	118

H_0 が正しいとしたときの期待度数は, (13)式より, 表15のようになる. 表中の数字 17.5 と 19.4 は

$$E_{11} = \frac{f_1 \cdot f_{\cdot 1}}{n} = \frac{46 \times 45}{118} = 17.5, \quad E_{21} = \frac{f_2 \cdot f_{\cdot 1}}{n} = \frac{51 \times 45}{118} = 19.4$$

として得られ, 残り4つの数字は計の数字からの引き算によって得られる. 表14と表15より

$$Z = \frac{(22-17.5)^2}{17.5} + \frac{(24-28.5)^2}{28.5}$$
$$+ \frac{(17-19.4)^2}{19.4} + \frac{(34-31.6)^2}{31.6}$$
$$+ \frac{(6-8.1)^2}{8.1} + \frac{(15-12.9)^2}{12.9} = 3.23$$

となる.

一方, 有意水準 α を 0.05 とすると

$$\chi^2((a-1)(b-1), \alpha) = \chi^2(2, 0.05) = 5.99$$

であるから，仮説 H_0 は棄却されない．したがって，一見したところ自宅通学生の方が成績がよいように見えるが，両者の間の差は有意ではない．

練習問題 10

1. 正6面体のサイコロをつくった．これが正しいサイコロとみなせるかどうかをみるため，このサイコロを60回ふって次表の結果を得た．このサイコロは正しいサイコロとみてよいか．

サイコロの目	1	2	3	4	5	6
出現度数	11	7	14	9	12	7

2. 第9章の練習問題4を 2×2 の分割表の形にして解いてみよ．

3. 下表はある市からランダムに選ばれた有権者について，A, B, C, D の4つの党を支持する人を学歴別に層別したときの人数である．学歴と支持政党との間の関係を分析せよ．

支持政党＼学歴	中学	高校	大学	計
A 党	90	92	61	243
B 党	37	58	50	145
C 党	43	45	16	104
D 党	25	37	19	81
計	195	232	146	573

付　録

統計資料 I

大学生の身長, 体重, 座高, 胸囲

学生 No	身長 (cm)	体重 (kg)	座高 (cm)	胸囲 (cm)	学生 No	身長 (cm)	体重 (kg)	座高 (cm)	胸囲 (cm)
1	172.4	75.0	92.8	93.8	28	163.3	46.5	88.4	74.5
2	169.3	64.0	89.8	90.2	29	165.4	58.0	90.0	87.5
3	166.5	47.4	89.2	89.5	30	162.3	52.2	90.5	81.1
4	168.2	66.9	92.1	91.4	31	171.5	59.3	93.9	87.0
5	168.8	62.2	92.4	82.0	32	169.3	54.8	89.1	88.0
6	165.8	62.2	90.0	90.0	33	171.4	64.8	91.6	91.6
7	164.4	58.7	89.1	86.6	34	171.4	61.2	92.5	91.2
8	164.9	63.5	90.6	93.0	35	165.1	52.0	91.3	98.5
9	175.0	66.6	91.2	95.4	36	167.8	65.0	89.8	91.0
10	172.0	64.0	89.8	91.1	37	167.8	65.0	89.8	91.0
11	155.0	57.0	84.2	90.0	38	169.9	57.5	89.1	84.6
12	172.3	69.0	91.1	91.5	39	160.3	55.2	86.8	88.0
13	176.4	56.9	93.3	87.0	40	172.5	73.5	93.9	95.8
14	167.5	50.0	89.1	82.0	41	168.4	57.0	92.4	88.5
15	166.7	72.0	89.4	95.8	42	175.5	63.9	92.1	88.8
16	165.7	55.4	89.0	83.0	43	168.6	58.0	92.6	85.5
17	172.8	57.0	92.5	86.4	44	173.2	57.5	94.4	83.4
18	157.5	50.5	85.4	85.0	45	169.4	52.2	90.6	86.7
19	168.6	63.4	90.1	96.0	46	169.5	57.0	89.2	83.2
20	163.8	58.5	90.5	88.4	47	161.2	48.5	87.2	82.0
21	166.7	52.5	87.2	81.0	48	175.1	75.5	92.5	100.5
22	166.1	69.5	91.2	91.6	49	169.8	62.9	91.2	89.2
23	172.4	52.6	91.3	81.1	50	172.6	61.0	90.3	84.6
24	177.8	63.9	97.9	88.3	51	165.1	61.5	88.7	88.7
25	168.8	54.0	90.1	80.0	52	170.9	61.0	92.2	85.6
26	177.5	60.0	97.2	83.0	53	166.2	62.5	90.5	92.2
27	169.9	55.9	91.5	83.6	54	172.8	60.0	90.8	82.5

付　　録

学生 No	身長 (cm)	体重 (kg)	座高 (cm)	胸囲 (cm)	学生 No	身長 (cm)	体重 (kg)	座高 (cm)	胸囲 (cm)
55	167.4	54.4	90.8	83.6	90	181.2	57.3	95.6	85.5
56	172.8	72.8	94.7	93.5	91	173.6	63.9	95.8	84.0
57	160.0	65.3	88.9	97.7	92	173.1	61.7	96.2	89.0
58	172.3	49.8	93.8	78.5	93	169.8	55.0	91.0	78.0
59	172.9	66.7	94.5	88.8	94	175.2	74.9	94.2	96.4
60	175.8	63.2	93.3	90.6	95	169.6	61.5	92.5	88.2
61	165.4	65.7	90.6	94.8	96	185.5	77.0	97.9	96.2
62	176.6	66.3	94.3	90.0	97	162.5	50.0	87.2	83.2
63	181.7	68.6	94.0	87.4	98	175.6	59.8	94.8	83.0
64	169.5	59.5	89.0	89.6	99	167.2	63.3	91.6	80.5
65	169.1	63.1	93.4	86.2	100	176.6	58.4	93.6	80.5
66	173.9	65.5	93.9	88.0	101	169.2	71.8	90.3	90.0
67	171.5	58.5	93.2	83.5	102	181.7	63.0	96.1	89.0
68	166.0	75.5	91.7	99.0	103	172.3	55.5	93.2	64.8
69	171.9	57.0	90.4	82.5	104	174.3	64.0	93.9	90.0
70	177.3	67.0	95.4	90.2	105	174.8	68.0	93.3	91.0
71	166.2	49.8	86.5	83.2	106	169.1	64.8	90.1	91.0
72	175.8	68.3	92.7	91.6	107	176.8	64.0	94.9	91.2
73	172.7	58.5	91.9	79.5	108	165.5	48.6	90.0	84.4
74	171.2	59.0	92.9	82.0	109	170.3	58.5	87.8	84.0
75	165.4	55.5	89.9	84.5	110	166.1	56.0	90.9	85.6
76	167.9	62.0	91.0	87.0	111	174.0	62.6	89.6	90.8
77	183.5	69.9	97.7	87.6	112	170.4	58.4	90.4	86.8
78	171.0	70.5	93.3	96.2	113	175.6	66.3	94.1	94.2
79	175.4	62.0	95.1	91.0	114	176.1	64.4	95.2	92.2
80	161.0	56.2	89.6	84.4	115	166.3	51.0	90.6	80.0
81	169.7	61.0	91.4	85.2	116	170.7	58.8	91.0	83.5
82	173.7	57.8	95.7	91.5	117	160.5	55.1	87.8	85.3
83	171.8	53.4	94.1	85.2	118	172.9	57.6	90.6	82.2
84	180.0	60.2	96.6	88.5	119	167.3	64.2	89.8	89.0
85	171.8	59.2	92.2	88.0	120	176.1	68.0	92.5	92.3
86	169.6	63.1	93.2	87.6	121	169.5	66.7	92.9	86.8
87	179.8	59.0	95.5	80.0	122	174.8	65.0	94.1	89.1
88	171.6	60.0	92.3	87.5	123	174.3	56.0	94.1	83.3
89	166.5	47.0	90.7	78.8	124	171.1	58.0	91.4	83.0

学生 No	身長 (cm)	体重 (kg)	座高 (cm)	胸囲 (cm)	学生 No	身長 (cm)	体重 (kg)	座高 (cm)	胸囲 (cm)
125	169.3	58.4	90.6	83.7	128	162.7	56.8	88.5	86.5
126	169.8	58.0	92.0	86.4	129	169.1	66.2	91.6	90.5
127	179.1	62.2	92.6	88.4	130	177.0	66.2	94.7	92.7

統計資料 II

プロ野球・打撃成績(1982年度)

注 50打席以上の野手,○：左打(左右打を含む),△：外野手.

	中日			巨人			阪神	
	打者名	打率		打者名	打率		打者名	打率
	中 尾	.282		山 倉	.196		笠 間	.207
	木 俣	.170		河 埜	.271		若 菜	.213
	金 山	.277	○	篠 塚	.315	○	藤 田	.290
	宇 野	.262		原	.275		真 弓	.293
	田野倉	.220		中 畑	.267		岡 田	.300
	尾 上	.215		鈴木(康)	.192	○	掛 布	.325
△	豊 田	.136	○△	山本(功)	.220	○	永 尾	.358
○	谷 沢	.280	○△	松 本	.282	△	川 藤	.239
○	上 川	.227	○△	ホワイト	.296	△	北 村	.246
○△	田 尾	.350	○△	トマソン	.187	○△	加 藤	.165
	モッカ	.311	○△	柳 田	.240	△	佐 野	.271
△	大 島	.269	○△	淡 口	.266	△	アレン	.260
○△	藤 波	.259	△	島 貫	.263	○△	ジョンストン	.256
○△	平 野	.288						

	広島			大洋			ヤクルト	
	打者名	打率		打者名	打率		打者名	打率
	道 原	.210		辻	.195		大 矢	.271
	水 沼	.191		福 嶋	.197		八重樫	.183
	達 川	.210		加藤(俊)	.212	○	デントン	.207
○	高橋(慶)	.269		高 浦	.172		角	.268
	衣 笠	.280		山 下	.277	○	水 谷	.255
	水 谷	.303	○	高木(豊)	.260		渡 辺	.211
	三 村	.189		基	.269		大 杉	.282

付　録

	広島			大洋			ヤクルト	
	打者名	打率		打者名	打率		打者名	打率
○	山　崎	.240		田　代	.254		渋　井	.203
	木　下	.268	○△	マーク	.208		杉　村	.229
○△	ガードナー	.254		大久保	.220	○△	若　松	.310
○△	ライトル	.270	○△	中　塚	.234	○△	ハーロー	.164
△	山本(浩)	.306	○△	高木(嘉)	.284	○△	ブリッグス	.240
○△	長　内	.207	○△	長　崎	.351	○△	杉　浦	.287
△	斉　藤	.212	○	ラ　ム	.269	△	小　川	.213
○△	長　嶋	.263	○△	屋　鋪	.257	○△	岩　下	.248
			○△	竹之内	.183	△	青　木	.240

	西武			日本ハム			近鉄	
	打者名	打率		打者名	打率		打者名	打率
	石　毛	.259		五十嵐	.248		有　田	.223
	大　石	.185	△	井　上	.265		石　渡	.228
△	大　田	.279		大　宮	.258		ウルフ	.224
○△	岡　村	.215	○△	岡　持	.226		大　石	.274
○	片　平	.277	○	鍵　谷	.271	○	小　川	.301
	黒　田	.213		柏　原	.285		小　田	.271
○	スティーブ	.307	○△	木　村	.234	○△	栗　橋	.311
○△	立　花	.251	○△	クルーズ	.268	△	慶　元	.216
	田　淵	.218		榊　原	.284	○△	島　本	.264
○△	テリー	.272	○△	島　田	.286	○	仲　根	.217
△	西　岡	.311		菅　野	.231		梨　田	.290
	広　橋	.266	○△	ソレイタ	.281		羽　田	.277
○△	蓬　来	.217		高　代	.262	○△	ハリス	.272
	山　崎	.246		岡　村	.308	△	平　野	.245
	行　沢	.219	△	服　部	.179		吹　石	.187
				古　屋	.291		森　脇	.208
			△	村　井	.233			

	阪急			ロッテ			南海	
	打者名	打率		打者名	打率		打者名	打率
	石　嶺	.250		有　藤	.301	○△	新　井	.315
	片　岡	.320		井　上	.224	○	岩　本	.199

	阪　急			ロッテ			南　海	
	打者名	打率		打者名	打率		打者名	打率
○	加　藤	.235	△	江　島	.258	○	岡　本	.229
○	ケージ	.233		落　合	.325		香　川	.240
○△	小　林	.263	△	劔　持	.264	○	門　田	.273
	島　谷	.229	△	庄　司	.218	△	久保寺	.264
	中　沢	.302	△	新　谷	.256	○△	高	.243
○△	福　本	.303	△	高　沢	.234		河　埜	.277
○	松　永	.236		高　橋	.159		定　岡	.216
	マルカーノ	.267	○△	得　津	.234	△	タイロン	.271
△	簑　田	.282		土　肥	.162		立　石	.188
	八　木	.226		袴　田	.208	△	ダットサン	.236
△	山　森	.191	△	弘　田	.258		藤　原	.262
	弓　岡	.211		水　上	.231		山　村	.259
△	吉　沢	.193	△	芦　岡	.291		山　本	.212
			○△	リー	.326			
				レオン	.283			

Central League Records, No. 9(1982) および
Pacific League ニュース, No. 8(1982) より抜粋

付　表

付表1　一様乱数

```
31 80  76 88  46 67  28 49  63 87  02 14  92 70  06 87  25 50  78 98
87 36  48 35  95 73  59 99  97 04  12 78  86 42  03 25  80 71  32 62
68 81  31 56  70 15  03 20  01 91  40 93  78 45  77 17  54 61  63 23
80 30  21 82  19 80  12 26  15 50  39 64  67 45  55 49  69 17  95 70
48 14  05 77  64 48  78 85  37 81  39 50  37 82  90 35  25 21  73 35

71 34  66 22  85 88  22 99  21 84  64 23  69 72  59 79  57 85  51 86
75 54  73 10  21 47  87 38  64 67  75 55  52 22  85 63  74 67  95 34
67 43  47 55  33 59  94 18  26 04  72 20  05 20  25 06  31 65  31 78
44 75  41 97  49 39  44 86  88 21  49 98  79 24  21 97  17 61  32 19
41 22  80 50  32 99  60 53  00 11  86 31  59 12  42 24  65 57  25 46

46 54  24 05  20 86  96 10  82 72  56 21  53 29  38 09  96 21  93 80
96 45  70 37  93 91  40 43  73 04  60 30  59 35  31 28  23 60  32 12
67 65  14 47  72 92  25 30  74 19  81 30  29 07  08 03  99 58  58 40
17 98  21 17  16 58  75 71  34 85  18 02  67 92  81 00  03 97  64 74
21 93  90 21  75 49  09 55  55 43  35 99  62 68  40 63  98 53  36 85
```

26 24	10 70	90 64	42 53	96 62	43 92	10 81	94 65	77 35	99 02
99 83	75 28	30 53	22 58	35 43	04 74	86 00	33 13	61 15	29 27
88 30	60 06	46 15	35 62	35 06	39 16	82 03	78 88	92 96	48 38
78 49	74 67	67 97	30 55	85 40	81 70	98 35	88 06	92 44	34 46
07 82	67 24	54 91	29 26	64 57	81 18	89 57	14 71	62 68	01 41
50 39	63 39	56 75	35 48	33 34	60 21	61 44	95 66	25 40	44 52
66 52	36 14	23 18	80 16	70 73	60 83	15 54	01 07	22 52	88 40
40 25	57 33	07 70	75 18	79 05	34 44	21 35	73 88	65 94	88 44
88 28	42 08	55 61	72 52	77 88	02 87	85 73	60 82	76 60	79 35
09 02	59 71	18 08	54 83	05 52	07 72	62 09	23 44	88 24	26 13
39 52	00 73	48 11	72 24	72 98	60 93	64 16	91 18	92 89	74 08
53 48	56 40	82 50	47 54	19 06	43 12	70 54	26 39	49 22	98 89
11 31	14 12	92 93	72 41	56 86	68 09	78 01	64 79	52 10	03 67
86 05	62 42	18 90	08 91	12 37	77 37	71 93	89 55	33 77	63 31
28 30	81 54	19 60	48 96	39 60	80 77	11 28	19 60	03 63	35 02
91 89	71 77	26 43	24 34	14 44	60 02	38 24	04 18	04 99	52 70
53 33	14 67	97 47	46 95	91 11	29 73	89 68	25 84	58 48	72 45
61 35	92 55	74 93	68 63	95 59	28 84	87 28	91 81	68 77	66 06
82 96	98 64	37 18	70 30	41 68	79 94	96 51	92 04	54 26	32 65
02 58	06 55	95 32	06 97	55 50	43 86	13 04	40 67	69 34	84 19
37 93	20 33	39 75	96 12	90 93	24 02	17 76	12 54	95 16	16 60
86 03	29 77	77 65	33 99	14 27	01 44	00 73	50 60	83 58	04 19
72 20	04 94	92 13	78 39	19 24	88 74	77 14	14 99	56 38	94 53
16 45	46 43	32 56	14 05	62 93	15 63	95 36	22 64	15 48	59 95
22 42	44 49	27 25	02 92	35 22	24 84	52 05	56 31	82 62	95 32
87 80	63 41	37 38	24 97	08 44	77 17	52 69	56 54	00 85	08 67
48 33	27 75	13 95	32 91	31 16	56 16	76 18	71 65	89 08	11 09
83 71	95 72	06 65	48 85	24 72	63 63	95 86	52 31	42 00	80 37
57 77	66 85	52 47	74 37	36 98	78 28	04 64	58 84	11 76	40 52
27 04	26 45	34 62	30 49	48 05	65 84	00 86	19 81	17 81	76 83
30 23	66 77	63 46	71 27	10 65	65 03	72 32	86 83	53 47	84 91
73 24	50 31	25 10	87 20	41 17	07 46	02 69	38 26	70 31	77 16
93 72	15 42	44 83	00 34	92 20	17 16	75 53	86 64	89 40	51 28
55 47	05 60	79 04	53 76	33 15	54 44	75 23	18 21	15 57	82 26
98 92	15 09	78 74	66 06	43 62	22 32	96 97	57 92	77 44	12 31

簡約統計数値表(日本規格協会刊), p. 110.

付表 2 正規分布表

$$P = \frac{1}{\sqrt{2\pi}} \int_{K_P}^{\infty} e^{-\frac{u^2}{2}} du$$

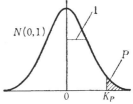

$K_P \to P$

K_P	0.00	0.01	0.02	0.03	0.04	0.05	0.06	0.07	0.08	0.09
0.0	.5000	.4960	.4920	.4880	.4840	.4801	.4761	.4721	.4681	.4641
0.1	.4602	.4562	.4522	.4483	.4443	.4404	.4364	.4325	.4286	.4247
0.2	.4207	.4168	.4129	.4090	.4052	.4013	.3974	.3936	.3897	.3859
0.3	.3821	.3783	.3745	.3707	.3669	.3632	.3594	.3557	.3520	.3483
0.4	.3446	.3409	.3372	.3336	.3300	.3264	.3228	.3192	.3156	.3121
0.5	.3085	.3050	.3015	.2981	.2946	.2912	.2877	.2843	.2810	.2776
0.6	.2743	.2709	.2676	.2643	.2611	.2578	.2546	.2514	.2483	.2451
0.7	.2420	.2389	.2358	.2327	.2296	.2266	.2236	.2206	.2177	.2148
0.8	.2119	.2090	.2061	.2033	.2005	.1977	.1949	.1922	.1894	.1867
0.9	.1841	.1814	.1788	.1762	.1736	.1711	.1685	.1660	.1635	.1611
1.0	.1587	.1562	.1539	.1515	.1492	.1469	.1446	.1423	.1401	.1379
1.1	.1357	.1335	.1314	.1292	.1271	.1251	.1230	.1210	.1190	.1170
1.2	.1151	.1131	.1112	.1093	.1075	.1056	.1038	.1020	.1003	.0985
1.3	.0968	.0951	.0934	.0918	.0901	.0885	.0869	.0853	.0838	.0823
1.4	.0808	.0793	.0778	.0764	.0749	.0735	.0721	.0708	.0694	.0681
1.5	.0668	.0655	.0643	.0630	.0618	.0606	.0594	.0582	.0571	.0559
1.6	.0548	.0537	.0526	.0516	.0505	.0495	.0485	.0475	.0465	.0455
1.7	.0446	.0436	.0427	.0418	.0409	.0401	.0392	.0384	.0375	.0367
1.8	.0359	.0351	.0344	.0336	.0329	.0322	.0314	.0307	.0301	.0294
1.9	.0287	.0281	.0274	.0268	.0262	.0256	.0250	.0244	.0239	.0233
2.0	.0228	.0222	.0217	.0212	.0207	.0202	.0197	.0192	.0188	.0183
2.1	.0179	.0174	.0170	.0166	.0162	.0158	.0154	.0150	.0146	.0143
2.2	.0139	.0136	.0132	.0129	.0125	.0122	.0119	.0116	.0113	.0110
2.3	.0107	.0104	.0102	.0099	.0096	.0094	.0091	.0089	.0087	.0084
2.4	.0082	.0080	.0078	.0075	.0073	.0071	.0069	.0068	.0066	.0064
2.5	.0062	.0060	.0059	.0057	.0055	.0054	.0052	.0051	.0049	.0048
2.6	.0047	.0045	.0044	.0043	.0041	.0040	.0039	.0038	.0037	.0036
2.7	.0035	.0034	.0033	.0032	.0031	.0030	.0029	.0028	.0027	.0026
2.8	.0026	.0025	.0024	.0023	.0023	.0022	.0021	.0021	.0020	.0019
2.9	.0019	.0018	.0018	.0017	.0016	.0016	.0015	.0015	.0014	.0014
3.0	.0013	.0013	.0013	.0012	.0012	.0011	.0011	.0011	.0010	.0010

$P \to K_P$

P	0	1	2	3	4	5	6	7	8	9
0.00	∞	3.090	2.878	2.748	2.652	2.576	2.512	2.457	2.409	2.366
0.0	∞	2.326	2.054	1.881	1.751	1.645	1.555	1.476	1.405	1.341
0.1	1.282	1.227	1.175	1.126	1.080	1.036	.994	.954	.915	.878
0.2	.842	.806	.772	.739	.706	.674	.643	.613	.583	.553
0.3	.524	.496	.468	.440	.412	.385	.358	.332	.305	.279
0.4	.253	.228	.202	.176	.151	.126	.100	.075	.050	.025

付表2〜5は鷲尾泰俊：実験計画法入門（日本規格協会刊）より．

付表3 t 分布表

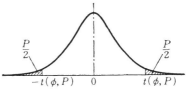

$\phi, P \to t(\phi, P)$

ϕ \ P	0.20	0.10	0.05	0.02	0.01	0.001	P \ ϕ
1	3.078	6.314	12.706	31.821	63.657	636.619	1
2	1.886	2.920	4.303	6.965	9.925	31.598	2
3	1.638	2.353	3.182	4.541	5.841	12.941	3
4	1.533	2.132	2.776	3.747	4.604	8.610	4
5	1.476	2.015	2.571	3.365	4.032	6.859	5
6	1.440	1.943	2.447	3.143	3.707	5.959	6
7	1.415	1.895	2.365	2.998	3.499	5.405	7
8	1.397	1.860	2.306	2.896	3.355	5.041	8
9	1.383	1.833	2.262	2.821	3.250	4.781	9
10	1.372	1.812	2.228	2.764	3.169	4.587	10
11	1.363	1.796	2.201	2.718	3.106	4.437	11
12	1.356	1.782	2.179	2.681	3.055	4.318	12
13	1.350	1.771	2.160	2.650	3.012	4.221	13
14	1.345	1.761	2.145	2.624	2.977	4.140	14
15	1.341	1.753	2.131	2.602	2.947	4.073	15
16	1.337	1.746	2.120	2.583	2.921	4.015	16
17	1.333	1.740	2.110	2.567	2.898	3.965	17
18	1.330	1.734	2.101	2.552	2.878	3.922	18
19	1.328	1.729	2.093	2.539	2.861	3.883	19
20	1.325	1.725	2.086	2.528	2.845	3.850	20

付　　録

ϕ \ P	0.20	0.10	0.05	0.02	0.01	0.001	P \ ϕ
21	1.323	1.721	2.080	2.518	2.831	3.819	21
22	1.321	1.717	2.074	2.508	2.819	3.792	22
23	1.319	1.714	2.069	2.500	2.807	3.767	23
24	1.318	1.711	2.064	2.492	2.797	3.745	24
25	1.316	1.708	2.060	2.485	2.787	3.725	25
26	1.315	1.706	2.056	2.479	2.779	3.707	26
27	1.314	1.703	2.052	2.473	2.771	3.690	27
28	1.313	1.701	2.048	2.467	2.763	3.674	28
29	1.311	1.699	2.045	2.462	2.756	3.659	29
30	1.310	1.697	2.042	2.457	2.750	3.646	30
40	1.303	1.684	2.021	2.423	2.704	3.551	40
60	1.296	1.671	2.000	2.390	2.660	3.460	60
120	1.289	1.658	1.980	2.358	2.617	3.373	120
∞	1.282	1.645	1.960	2.326	2.576	3.291	∞

付表4 χ^2 分布表

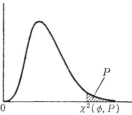

$\phi, P \to \chi^2(\phi, P)$

ϕ \ P	.995	.99	.975	.95	.90	.10	.05	.025	.01	.005	P \ ϕ
1	0.0^{4}393	0.0^{3}157	0.0^{3}982	0.0^{2}3	0.0158	2.71	3.84	5.02	6.63	7.88	1
2	0.0100	0.0201	0.0506	0.103	0.211	4.61	5.99	7.38	9.21	10.60	2
3	0.0717	0.115	0.216	0.352	0.584	6.25	7.81	9.35	11.34	12.84	3
4	0.207	0.297	0.484	0.711	1.064	7.78	9.49	11.14	13.28	14.86	4
5	0.412	0.554	0.831	1.145	1.610	9.24	11.07	12.83	15.09	16.75	5
6	0.676	0.872	1.237	1.635	2.20	10.64	12.59	14.45	16.81	18.55	6
7	0.989	1.239	1.690	2.17	2.83	12.02	14.07	16.01	18.48	20.3	7
8	1.344	1.646	2.18	2.73	3.49	13.36	15.51	17.53	20.1	22.0	8
9	1.735	2.09	2.70	3.33	4.17	14.68	16.92	19.02	21.7	23.6	9
10	2.16	2.56	3.25	3.94	4.87	15.99	18.31	20.5	23.2	25.2	10
11	2.60	3.05	3.82	4.57	5.58	17.28	19.68	21.9	24.7	26.8	11
12	3.07	3.57	4.40	5.23	6.30	18.55	21.0	23.3	26.2	28.3	12
13	3.57	4.11	5.01	5.89	7.04	19.81	22.4	24.7	27.7	29.8	13
14	4.07	4.66	5.63	6.57	7.79	21.1	23.7	26.1	29.1	31.3	14
15	4.60	5.23	6.26	7.26	8.55	22.3	25.0	27.5	30.6	32.8	15
16	5.14	5.81	6.91	7.96	9.31	23.5	26.3	28.8	32.0	34.3	16
17	5.70	6.41	7.56	8.67	10.09	24.8	27.6	30.2	33.4	35.7	17
18	6.26	7.01	8.23	9.39	10.86	26.0	28.9	31.5	34.8	37.2	18
19	6.84	7.63	8.91	10.12	11.65	27.2	30.1	32.9	36.2	38.6	19
20	7.43	8.26	9.59	10.85	12.44	28.4	31.4	34.2	37.6	40.0	20

ϕ \ P	.995	.99	.975	.95	.90	.10	.05	.025	.01	.005	ϕ
21	8.03	8.90	10.28	11.59	13.24	29.6	32.7	35.5	38.9	41.4	21
22	8.64	9.54	10.98	12.34	14.04	30.8	33.9	36.8	40.3	42.8	22
23	9.26	10.20	11.69	13.09	14.85	32.0	35.2	38.1	41.6	44.2	23
24	9.89	10.86	12.40	13.85	15.66	33.2	36.4	39.4	43.0	45.6	24
25	10.52	11.52	13.12	14.61	16.47	34.4	37.7	40.6	44.3	46.9	25
26	11.16	12.20	13.84	15.38	17.29	35.6	38.9	41.9	45.6	48.3	26
27	11.81	12.88	14.57	16.15	18.11	36.7	40.1	43.2	47.0	49.6	27
28	12.46	13.56	15.31	16.93	18.94	37.9	41.3	44.5	48.3	51.0	28
29	13.12	14.26	16.05	17.71	19.77	39.1	42.6	45.7	49.6	52.3	29
30	13.79	14.95	16.79	18.49	20.6	40.3	43.8	47.0	50.9	53.7	30
40	20.7	22.2	24.4	26.5	29.1	51.8	55.8	59.3	63.7	66.8	40
50	28.0	29.7	32.4	34.8	37.7	63.2	67.5	71.4	76.2	79.5	50
60	35.5	37.5	40.5	43.2	46.5	74.4	79.1	83.3	88.4	92.0	60
70	43.3	45.4	48.8	51.7	55.3	85.5	90.5	95.0	100.4	104.2	70
80	51.2	53.5	57.2	60.4	64.3	96.6	101.9	106.6	112.3	116.3	80
90	59.2	61.8	65.6	69.1	73.3	107.6	113.1	118.1	124.1	128.3	90
100	67.3	70.1	74.2	77.9	82.4	118.5	124.3	129.6	135.8	140.2	100
y_p	-2.58	-2.33	-1.96	-1.64	-1.28	1.282	1.645	1.960	2.33	2.58	y_p

ϕ が 100 以上の χ^2 の値は次の式によって求める．

$$\chi^2(\phi, P) = \frac{1}{2}(y_p + \sqrt{2\phi - 1})^2$$

付表 5

(1) F 分布表 ($1\%, 5\%$)

$(\phi_1, \phi_2) \to F(\phi_1, \phi_2; P)$ 上段 $P=5\%$, 下段 $P=1\%$ の F の値

ϕ_2 \ ϕ_1	1	2	3	4	5	6	7	8	9
1	161.	200.	216.	225.	230.	234.	237.	239.	241.
	4052.	5000.	5403.	5625.	5764.	5859.	5928.	5982.	6022.
2	18.5	19.0	19.2	19.2	19.3	19.3	19.4	19.4	19.4
	98.5	99.0	99.2	99.2	99.3	99.3	99.4	99.4	99.4
3	10.1	9.55	9.28	9.12	9.01	8.94	8.89	8.85	8.81
	34.1	30.8	29.5	28.7	28.2	27.9	27.7	27.5	27.3
4	7.71	6.94	6.59	6.39	6.26	6.16	6.09	6.04	6.00
	21.2	18.0	16.7	16.0	15.5	15.2	15.0	14.8	14.7
5	6.61	5.79	5.41	5.19	5.05	4.95	4.88	4.82	4.77
	16.3	13.3	12.1	11.4	11.0	10.7	10.5	10.3	10.2
6	5.99	5.14	4.76	4.53	4.39	4.28	4.21	4.15	4.10
	13.7	10.9	9.78	9.15	8.75	8.47	8.26	8.10	7.98
7	5.59	4.74	4.35	4.12	3.97	3.87	3.79	3.73	3.68
	12.2	9.55	8.45	7.85	7.46	7.19	6.99	6.84	6.72
8	5.32	4.46	4.07	3.84	3.69	3.58	3.50	3.44	3.39
	11.3	8.65	7.59	7.01	6.63	6.37	6.18	6.03	5.91
9	5.12	4.26	3.86	3.63	3.48	3.37	3.29	3.23	3.18
	10.6	8.02	6.99	6.42	6.06	5.80	5.61	5.47	5.35
10	4.96	4.10	3.71	3.48	3.33	3.22	3.14	3.07	3.02
	10.0	7.56	6.55	5.99	5.64	5.39	5.20	5.06	4.94
11	4.84	3.98	3.59	3.36	3.20	3.09	3.01	2.95	2.90
	9.65	7.21	6.22	5.67	5.32	5.07	4.89	4.74	4.63
12	4.75	3.89	3.49	3.26	3.11	3.00	2.91	2.85	2.80
	9.33	6.93	5.95	5.41	5.06	4.82	4.64	4.50	4.39
13	4.67	3.81	3.41	3.18	3.03	2.92	2.83	2.77	2.71
	9.07	6.70	5.74	5.21	4.86	4.62	4.44	4.30	4.19
14	4.60	3.74	3.34	3.11	2.96	2.85	2.76	2.70	2.65
	8.86	6.51	5.56	5.04	4.70	4.46	4.28	4.14	4.03
15	4.54	3.68	3.29	3.06	2.90	2.79	2.71	2.64	2.59
	8.68	6.36	5.42	4.89	4.56	4.32	4.14	4.00	3.89

付　　　録

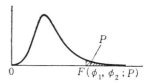

ϕ_1: 分子の自由度, ϕ_2: 分母の自由度

10	12	15	20	24	30	40	60	120	∞	ϕ_1 \ ϕ_2
242.	244.	246.	248.	249.	250.	251.	252.	253.	254.	1
6056.	6106.	6157.	6209.	6235.	6261.	6287.	6313.	6339.	6366.	
19.4	19.4	19.4	19.4	19.5	19.5	19.5	19.5	19.5	19.5	2
99.4	99.4	99.4	99.4	99.5	99.5	99.5	99.5	99.5	99.5	
8.79	8.74	8.70	8.66	8.64	8.62	8.59	8.57	8.55	8.53	3
27.2	27.1	26.9	26.7	26.6	26.5	26.4	26.3	26.2	26.1	
5.96	5.91	5.86	5.80	5.77	5.75	5.72	5.69	5.66	5.63	4
14.5	14.4	14.2	14.0	13.9	13.8	13.7	13.7	13.6	13.5	
4.74	4.68	4.62	4.56	4.53	4.50	4.46	4.43	4.40	4.36	5
10.1	9.89	9.72	9.55	9.47	9.38	9.29	9.20	9.11	9.02	
4.06	4.00	3.94	3.87	3.84	3.81	3.77	3.74	3.70	3.67	6
7.87	7.72	7.56	7.40	7.31	7.23	7.14	7.06	6.97	6.88	
3.64	3.57	3.51	3.44	3.41	3.38	3.34	3.30	3.27	3.23	7
6.62	6.47	6.31	6.16	6.07	5.99	5.91	5.82	5.74	5.65	
3.35	3.28	3.22	3.15	3.12	3.08	3.04	3.01	2.97	2.93	8
5.81	5.67	5.52	5.36	5.28	5.20	5.12	5.03	4.95	4.86	
3.14	3.07	3.01	2.94	2.90	2.86	2.83	2.79	2.75	2.71	9
5.26	5.11	4.96	4.81	4.73	4.65	4.57	4.48	4.40	4.31	
2.98	2.91	2.84	2.77	2.74	2.70	2.66	2.62	2.58	2.54	10
4.85	4.71	4.56	4.41	4.33	4.25	4.17	4.08	4.00	3.91	
2.85	2.79	2.72	2.65	2.61	2.57	2.53	2.49	2.45	2.40	11
4.54	4.40	4.25	4.10	4.02	3.94	3.86	3.78	3.69	3.60	
2.75	2.69	2.62	2.54	2.51	2.47	2.43	2.38	2.34	2.30	12
4.30	4.16	4.01	3.86	3.78	3.70	3.62	3.54	3.45	3.36	
2.67	2.60	2.53	2.46	2.42	2.38	2.34	2.30	2.25	2.21	13
4.10	3.96	3.82	3.66	3.59	3.51	3.43	3.34	3.25	3.17	
2.60	2.53	2.46	2.39	2.35	2.31	2.27	2.22	2.18	2.13	14
3.94	3.80	3.66	3.51	3.43	3.35	3.27	3.18	3.09	3.00	
2.54	2.48	2.40	2.33	2.29	2.25	2.20	2.16	2.11	2.07	15
3.80	3.67	3.52	3.37	3.29	3.21	3.13	3.05	2.96	2.87	

付　録

ϕ_2 \ ϕ_1	1	2	3	4	5	6	7	8	9
16	4.49	3.63	3.24	3.01	2.85	2.74	2.66	2.59	2.54
	8.53	6.23	5.29	4.77	4.44	4.20	4.03	3.89	3.78
17	4.45	3.59	3.20	2.96	2.81	2.70	2.61	2.55	2.49
	8.40	6.11	5.18	4.67	4.34	4.10	3.93	3.79	3.68
18	4.41	3.55	3.16	2.93	2.77	2.66	2.58	2.51	2.46
	8.29	6.01	5.09	4.58	4.25	4.01	3.84	3.71	3.60
19	4.38	3.52	3.13	2.90	2.74	2.63	2.54	2.48	2.42
	8.18	5.93	5.01	4.50	4.17	3.94	3.77	3.63	3.52
20	4.35	3.49	3.10	2.87	2.71	2.60	2.51	2.45	2.39
	8.10	5.85	4.94	4.43	4.10	3.87	3.70	3.56	3.46
21	4.32	3.47	3.07	2.84	2.68	2.57	2.49	2.42	2.37
	8.02	5.78	4.87	4.37	4.04	3.81	3.64	3.51	3.40
22	4.30	3.44	3.05	2.82	2.66	2.55	2.46	2.40	2.34
	7.95	5.72	4.82	4.31	3.99	3.76	3.59	3.45	3.35
23	4.28	3.42	3.03	2.80	2.64	2.53	2.44	2.37	2.32
	7.88	5.66	4.76	4.26	3.94	3.71	3.54	3.41	3.30
24	4.26	3.40	3.01	2.78	2.62	2.51	2.42	2.36	2.30
	7.82	5.61	4.72	4.22	3.90	3.67	3.50	3.36	3.26
25	4.24	3.39	2.99	2.76	2.60	2.49	2.40	2.34	2.28
	7.77	5.57	4.68	4.18	3.86	3.63	3.46	3.32	3.22
26	4.23	3.37	2.98	2.74	2.59	2.47	2.39	2.32	2.27
	7.72	5.53	4.64	4.14	3.82	3.59	3.42	3.29	3.18
27	4.21	3.35	2.96	2.73	2.57	2.46	2.37	2.31	2.25
	7.68	5.49	4.60	4.11	3.78	3.56	3.39	3.26	3.15
28	4.20	3.34	2.95	2.71	2.56	2.45	2.36	2.29	2.24
	7.64	5.45	4.57	4.07	3.75	3.53	3.36	3.23	3.12
29	4.18	3.33	2.93	2.70	2.55	2.43	2.35	2.28	2.22
	7.60	5.42	4.54	4.04	3.73	3.50	3.33	3.20	3.09
30	4.17	3.32	2.92	2.69	2.53	2.42	2.33	2.27	2.21
	7.56	5.39	4.51	4.02	3.70	3.47	3.30	3.17	3.07
40	4.08	3.23	2.84	2.61	2.45	2.34	2.25	2.18	2.12
	7.31	5.18	4.31	3.83	3.51	3.29	3.12	2.99	2.89
60	4.00	3.15	2.76	2.53	2.37	2.25	2.17	2.10	2.04
	7.08	4.98	4.13	3.65	3.34	3.12	2.95	2.82	2.72
120	3.92	3.07	2.68	2.45	2.29	2.18	2.09	2.02	1.96
	6.85	4.79	3.95	3.48	3.17	2.96	2.79	2.66	2.56
∞	3.84	3.00	2.60	2.37	2.21	2.10	2.01	1.94	1.88
	6.63	4.61	3.78	3.32	3.02	2.80	2.64	2.51	2.41

付　録

10	12	15	20	24	30	40	60	120	∞	ϕ_1 / ϕ_2
2.49	2.42	2.35	2.28	2.24	2.19	2.15	2.11	2.06	2.01	16
3.69	3.55	3.41	3.26	3.18	3.10	3.02	2.93	2.84	2.75	
2.45	2.38	2.31	2.23	2.19	2.15	2.10	2.06	2.01	1.96	17
3.59	3.46	3.31	3.16	3.08	3.00	2.92	2.83	2.75	2.65	
2.41	2.34	2.27	2.19	2.15	2.11	2.06	2.02	1.97	1.92	18
3.51	3.37	3.23	3.08	3.00	2.92	2.84	2.75	2.66	2.57	
2.38	2.31	2.23	2.16	2.11	2.07	2.03	1.98	1.93	1.88	19
3.43	3.30	3.15	3.00	2.92	2.84	2.76	2.67	2.58	2.49	
2.35	2.28	2.20	2.12	2.08	2.04	1.99	1.95	1.90	1.84	20
3.37	3.23	3.09	2.94	2.86	2.78	2.69	2.61	2.52	2.42	
2.32	2.25	2.18	2.10	2.05	2.01	1.96	1.92	1.87	1.81	21
3.31	3.17	3.03	2.88	2.80	2.72	2.64	2.55	2.46	2.36	
2.30	2.23	2.15	2.07	2.03	1.98	1.94	1.89	1.84	1.78	22
3.26	3.12	2.98	2.83	2.75	2.67	2.58	2.50	2.40	2.31	
2.27	2.20	2.13	2.05	2.00	1.96	1.91	1.86	1.81	1.76	23
3.21	3.07	2.93	2.78	2.70	2.62	2.54	2.45	2.35	2.26	
2.25	2.18	2.11	2.03	1.98	1.94	1.89	1.84	1.79	1.73	24
3.17	3.03	2.89	2.74	2.66	2.58	2.49	2.40	2.31	2.21	
2.24	2.16	2.09	2.01	1.96	1.92	1.87	1.82	1.77	1.71	25
3.13	2.99	2.85	2.70	2.62	2.54	2.45	2.36	2.27	2.17	
2.22	2.15	2.07	1.99	1.95	1.90	1.85	1.80	1.75	1.69	26
3.09	2.96	2.82	2.66	2.58	2.50	2.42	2.33	2.23	2.13	
2.20	2.13	2.06	1.97	1.93	1.88	1.84	1.79	1.73	1.67	27
3.06	2.93	2.78	2.63	2.55	2.47	2.38	2.29	2.20	2.10	
2.19	2.12	2.04	1.96	1.91	1.87	1.82	1.77	1.71	1.65	28
3.03	2.90	2.75	2.60	2.52	2.44	2.35	2.26	2.17	2.06	
2.18	2.10	2.03	1.94	1.90	1.85	1.81	1.75	1.70	1.64	29
3.00	2.87	2.73	2.57	2.49	2.41	2.33	2.23	2.14	2.03	
2.16	2.09	2.01	1.93	1.89	1.84	1.79	1.74	1.68	1.62	30
2.98	2.84	2.70	2.55	2.47	2.39	2.30	2.21	2.11	2.01	
2.08	2.00	1.92	1.84	1.79	1.74	1.69	1.64	1.58	1.51	40
2.80	2.66	2.52	2.37	2.29	2.20	2.11	2.02	1.92	1.80	
1.99	1.92	1.84	1.75	1.70	1.65	1.59	1.53	1.47	1.39	60
2.63	2.50	2.35	2.20	2.12	2.03	1.94	1.84	1.73	1.60	
1.91	1.83	1.75	1.66	1.61	1.55	1.50	1.43	1.35	1.25	120
2.47	2.34	2.19	2.03	1.95	1.86	1.76	1.66	1.53	1.38	
1.83	1.75	1.67	1.57	1.52	1.46	1.39	1.32	1.22	1.00	∞
2.32	2.18	2.04	1.88	1.79	1.70	1.59	1.47	1.32	1.00	

(2) F 分布表 (2.5%)

$(\phi_1, \phi_2) \to F(\phi_1, \phi_2; 0.025)$

ϕ_1: 分子の自由度,

ϕ_2 \ ϕ_1	1	2	3	4	5	6	7	8	9	10
1	648.	800.	864.	900.	922.	937.	948.	957.	963.	969.
2	38.5	39.0	39.2	39.2	39.3	39.3	39.4	39.4	39.4	39.4
3	17.4	16.0	15.4	15.1	14.9	14.7	14.6	14.5	14.5	14.4
4	12.2	10.6	9.98	9.60	9.36	9.20	9.07	8.98	8.90	8.84
5	10.0	8.43	7.76	7.39	7.15	6.98	6.85	6.76	6.68	6.62
6	8.81	7.26	6.60	6.23	5.99	5.82	5.70	5.60	5.52	5.46
7	8.07	6.54	5.89	5.52	5.29	5.12	4.99	4.90	4.82	4.76
8	7.57	6.06	5.42	5.05	4.82	4.65	4.53	4.43	4.36	4.30
9	7.21	5.71	5.08	4.72	4.48	4.32	4.20	4.10	4.03	3.96
10	6.94	5.46	4.83	4.47	4.24	4.07	3.95	3.85	3.78	3.72
11	6.72	5.26	4.63	4.28	4.04	3.88	3.76	3.66	3.59	3.53
12	6.55	5.10	4.47	4.12	3.89	3.73	3.61	3.51	3.44	3.37
13	6.41	4.97	4.35	4.00	3.77	3.60	3.48	3.39	3.31	3.25
14	6.30	4.86	4.24	3.89	3.66	3.50	3.38	3.29	3.21	3.15
15	6.20	4.76	4.15	3.80	3.58	3.41	3.29	3.20	3.12	3.06
16	6.12	4.69	4.08	3.73	3.50	3.34	3.22	3.12	3.05	2.99
17	6.04	4.62	4.01	3.66	3.44	3.28	3.16	3.06	2.98	2.92
18	5.98	4.56	3.95	3.61	3.38	3.22	3.10	3.01	2.93	2.87
19	5.92	4.51	3.90	3.56	3.33	3.17	3.05	2.96	2.88	2.82
20	5.87	4.46	3.86	3.51	3.29	3.13	3.01	2.91	2.84	2.77
21	5.83	4.42	3.82	3.48	3.25	3.09	2.97	2.87	2.80	2.73
22	5.79	4.38	3.78	3.44	3.22	3.05	2.93	2.84	2.76	2.70
23	5.75	4.35	3.75	3.41	3.18	3.02	2.90	2.81	2.73	2.67
24	5.72	4.32	3.72	3.38	3.15	2.99	2.87	2.78	2.70	2.64
25	5.69	4.29	3.69	3.35	3.13	2.97	2.85	2.75	2.68	2.61
26	5.66	4.27	3.67	3.33	3.10	2.94	2.82	2.73	2.65	2.59
27	5.63	4.24	3.65	3.31	3.08	2.92	2.80	2.71	2.63	2.57
28	5.61	4.22	3.63	3.29	3.06	2.90	2.78	2.69	2.61	2.55
29	5.59	4.20	3.61	3.27	3.04	2.88	2.76	2.67	2.59	2.53
30	5.57	4.18	3.59	3.25	3.03	2.87	2.75	2.65	2.57	2.51
40	5.42	4.05	3.46	3.13	2.90	2.74	2.62	2.53	2.45	2.39
60	5.29	3.93	3.34	3.01	2.79	2.63	2.51	2.41	2.33	2.27
120	5.15	3.80	3.23	2.89	2.67	2.52	2.39	2.30	2.22	2.16
∞	5.02	3.69	3.12	2.79	2.57	2.41	2.29	2.19	2.11	2.05

ϕ_2: 分母の自由度

12	15	20	24	30	40	60	120	∞	ϕ_1 / ϕ_2
977.	985.	993.	997.	1001.	1006.	1010.	1014.	1018.	1
39.4	39.4	39.4	39.5	39.5	39.5	39.5	39.5	39.5	2
14.3	14.3	14.2	14.1	14.1	14.0	14.0	13.9	13.9	3
8.75	8.66	8.56	8.51	8.46	8.41	8.36	8.31	8.26	4
6.52	6.43	6.33	6.28	6.23	6.18	6.12	6.07	6.02	5
5.37	5.27	5.17	5.12	5.07	5.01	4.96	4.90	4.85	6
4.67	4.57	4.47	4.42	4.36	4.31	4.25	4.20	4.14	7
4.20	4.10	4.00	3.95	3.89	3.84	3.78	3.73	3.67	8
3.87	3.77	3.67	3.61	3.56	3.51	3.45	3.39	3.33	9
3.62	3.52	3.42	3.37	3.31	3.26	3.20	3.14	3.08	10
3.43	3.33	3.23	3.17	3.12	3.06	3.00	2.94	2.88	11
3.28	3.18	3.07	3.02	2.96	2.91	2.85	2.79	2.72	12
3.15	3.05	2.95	2.89	2.84	2.78	2.72	2.66	2.60	13
3.05	2.95	2.84	2.79	2.73	2.67	2.61	2.55	2.49	14
2.96	2.86	2.76	2.70	2.64	2.58	2.52	2.46	2.40	15
2.89	2.79	2.68	2.63	2.57	2.51	2.45	2.38	2.32	16
2.82	2.72	2.62	2.56	2.50	2.44	2.38	2.32	2.25	17
2.77	2.67	2.56	2.50	2.44	2.38	2.32	2.26	2.19	18
2.72	2.62	2.51	2.45	2.39	2.33	2.27	2.20	2.13	19
2.68	2.57	2.46	2.41	2.35	2.29	2.22	2.16	2.09	20
2.64	2.53	2.42	2.37	2.31	2.25	2.18	2.11	2.04	21
2.60	2.50	2.39	2.33	2.27	2.21	2.14	2.08	2.00	22
2.57	2.47	2.36	2.30	2.24	2.18	2.11	2.04	1.97	23
2.54	2.44	2.33	2.27	2.21	2.15	2.08	2.01	1.94	24
2.51	2.41	2.30	2.24	2.18	2.12	2.05	1.98	1.91	25
2.49	2.39	2.28	2.22	2.16	2.09	2.03	1.95	1.88	26
2.47	2.36	2.25	2.19	2.13	2.07	2.00	1.93	1.85	27
2.45	2.34	2.23	2.17	2.11	2.05	1.98	1.91	1.83	28
2.43	2.32	2.21	2.15	2.09	2.03	1.96	1.89	1.81	29
2.41	2.31	2.20	2.14	2.07	2.01	1.94	1.87	1.79	30
2.29	2.18	2.07	2.01	1.94	1.88	1.80	1.72	1.64	40
2.17	2.06	1.94	1.88	1.82	1.74	1.67	1.58	1.48	60
2.05	1.94	1.82	1.76	1.69	1.61	1.53	1.43	1.31	120
1.94	1.83	1.71	1.64	1.57	1.48	1.39	1.27	1.00	∞

(3) F 分布表 (0.5%)

$(\phi_1, \phi_2) \to F(\phi_1, \phi_2; 0.005)$

ϕ_1: 分子の自由度,

ϕ_2 \ ϕ_1	1	2	3	4	5	6	7	8	9	10
1	162×10^2	200×10^2	216×10^2	225×10^2	231×10^2	234×10^2	237×10^2	239×10^2	241×10^2	242×10^2
2	198.	199.	199.	199.	199.	199.	199.	199.	199.	199.
3	55.6	49.8	47.5	46.2	45.4	44.8	44.4	44.1	43.9	43.7
4	31.3	26.3	24.3	23.2	22.5	22.0	21.6	21.4	21.1	21.0
5	22.8	18.3	16.5	15.6	14.9	14.5	14.2	14.0	13.8	13.6
6	18.6	14.5	12.9	12.0	11.5	11.1	10.8	10.6	10.4	10.2
7	16.2	12.4	10.9	10.0	9.52	9.16	8.89	8.68	8.51	8.38
8	14.7	11.0	9.60	8.81	8.30	7.95	7.69	7.50	7.34	7.21
9	13.6	10.1	8.72	7.96	7.47	7.13	6.88	6.69	6.54	6.42
10	12.8	9.43	8.08	7.34	6.87	6.54	6.30	6.12	5.97	5.85
11	12.2	8.91	7.60	6.88	6.42	6.10	5.86	5.68	5.54	5.42
12	11.8	8.51	7.23	6.52	6.07	5.76	5.52	5.35	5.20	5.09
13	11.4	8.19	6.93	6.23	5.79	5.48	5.25	5.08	4.94	4.82
14	11.1	7.92	6.68	6.00	5.56	5.26	5.03	4.86	4.72	4.60
15	10.8	7.70	6.48	5.80	5.37	5.07	4.85	4.67	4.54	4.42
16	10.6	7.51	6.30	5.64	5.21	4.91	4.69	4.52	4.38	4.27
17	10.4	7.35	6.16	5.50	5.07	4.78	4.56	4.39	4.25	4.14
18	10.2	7.21	6.03	5.37	4.96	4.66	4.44	4.26	4.14	4.03
19	10.1	7.09	5.92	5.27	4.85	4.56	4.34	4.18	4.04	3.93
20	9.94	6.99	5.82	5.17	4.76	4.47	4.26	4.09	3.96	3.85
21	9.83	6.89	5.73	5.09	4.68	4.39	4.18	4.01	3.88	3.77
22	9.73	6.81	5.65	5.02	4.61	4.32	4.11	3.94	3.81	3.70
23	9.63	6.73	5.58	4.95	4.54	4.26	4.05	3.88	3.75	3.64
24	9.55	6.66	5.52	4.89	4.49	4.20	3.99	3.83	3.69	3.59
25	9.48	6.60	5.46	4.84	4.43	4.15	3.94	3.78	3.64	3.54
26	9.41	6.54	5.41	4.79	4.38	4.10	3.89	3.73	3.60	3.49
27	9.34	6.49	5.36	4.74	4.34	4.06	3.85	3.69	3.56	3.45
28	9.28	6.44	5.32	4.70	4.30	4.02	3.81	3.65	3.52	3.41
29	9.23	6.40	5.28	4.66	4.26	3.98	3.77	3.61	3.48	3.38
30	9.18	6.35	5.24	4.62	4.23	3.95	3.74	3.58	3.45	3.34
40	8.83	6.07	4.98	4.37	3.99	3.71	3.51	3.35	3.22	3.12
60	8.49	5.80	4.73	4.14	3.76	3.49	3.29	3.13	3.01	2.90
120	8.18	5.54	4.50	3.92	3.55	3.28	3.09	2.93	2.81	2.71
∞	7.88	5.30	4.28	3.72	3.35	3.09	2.90	2.74	2.62	2.52

ϕ_2: 分母の自由度

12	15	20	24	30	40	60	120	∞	$\phi_1 \diagdown \phi_2$
244×10^2	246×10^2	248×10^2	249×10^2	250×10^2	251×10^2	253×10^2	254×10^2	255×10^2	1
199.	199.	199.	199.	199.	199.	199.	199.	200.	2
43.4	43.1	42.3	42.6	42.5	42.3	42.1	42.0	41.8	3
20.7	20.4	20.2	20.0	19.9	19.8	19.6	19.5	19.3	4
13.4	13.1	12.9	12.8	12.7	12.5	12.4	12.3	12.1	5
10.0	9.81	9.59	9.47	9.36	9.24	9.12	9.00	8.88	6
8.18	7.97	7.75	7.64	7.53	7.42	7.31	7.19	7.08	7
7.01	6.81	6.61	6.50	6.40	6.29	6.18	6.06	5.95	8
6.23	6.03	5.83	5.73	5.62	5.52	5.41	5.30	5.19	9
5.66	5.47	5.27	5.17	5.07	4.97	4.86	4.75	4.64	10
5.24	5.05	4.86	4.76	4.65	4.55	4.44	4.34	4.23	11
4.91	4.72	4.53	4.43	4.33	4.23	4.12	4.01	3.90	12
4.64	4.46	4.27	4.17	4.07	3.97	3.87	3.76	3.65	13
4.43	4.25	4.06	3.96	3.86	3.76	3.66	3.55	3.44	14
4.25	4.07	3.88	3.79	3.69	3.58	3.48	3.37	3.26	15
4.10	3.92	3.73	3.64	3.54	3.44	3.33	3.22	3.11	16
3.97	3.79	3.61	3.51	3.41	3.31	3.21	3.10	2.98	17
3.86	3.68	3.50	3.40	3.30	3.20	3.10	2.99	2.87	18
3.76	3.59	3.40	3.31	3.21	3.11	3.00	2.89	2.78	19
3.68	3.50	3.32	3.22	3.12	3.02	2.92	2.81	2.69	20
3.60	3.43	3.24	3.15	3.05	2.95	2.84	2.73	2.61	21
3.54	3.36	3.18	3.08	2.98	2.88	2.77	2.66	2.55	22
3.47	3.30	3.12	3.02	2.92	2.82	2.71	2.60	2.48	23
3.42	3.25	3.06	2.97	2.87	2.77	2.66	2.55	2.43	24
3.37	3.20	3.01	2.92	2.82	2.72	2.61	2.50	2.38	25
3.33	3.15	2.97	2.87	2.77	2.67	2.56	2.45	2.33	26
3.28	3.11	2.93	2.83	2.73	2.63	2.52	2.41	2.29	27
3.25	3.07	2.89	2.79	2.69	2.59	2.48	2.37	2.25	28
3.21	3.04	2.86	2.76	2.66	2.56	2.45	2.33	2.21	29
3.18	3.01	2.82	2.73	2.63	2.52	2.42	2.30	2.18	30
2.95	2.78	2.60	2.50	2.40	2.30	2.18	2.06	1.93	40
2.74	2.57	2.39	2.29	2.19	2.08	1.96	1.83	1.69	60
2.54	2.37	2.19	2.09	1.98	1.87	1.75	1.61	1.43	120
2.36	2.19	2.00	1.90	1.79	1.67	1.53	1.36	1.00	∞

参 考 文 献

[1] 統計数値表編集委員会編: 簡約統計数値表, 日本規格協会.
[2] 統計数値表(JSA-1972), 日本規格協会.
[3] 北川敏男著: ポアソン分布表, 培風館.

解　答

第1章

1. 全加入者に通し番号をつけることはかなり面倒であるので，2段抽出法を採用するのがよい．各ページにはほぼ同数の加入者がリストされていると仮定してよいから，まず，全ページの中から，例えば25のページをランダムに選び，選ばれた各ページから2名をランダムに選べばよい．

この場合，第1段階で選ぶページをいくつにするのがよいかという問題がある．極端な2つの方法は，1つのページをランダムに選び，そのページから50名をランダムに選ぶというやり方と，50のページをランダムに選び，各ページから1名をランダムに選ぶというやり方である．前者の方法は，手間はかからないが，かたよりが大きい．

2. 航空写真が，例えば，縦56 cm，横73 cmの長方形内におさまったとする(図1参照)．また，抽出地点の単位は，この航空写真では1辺の長さ1 mmの正方形であるとする．

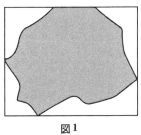

図1

1°) 長方形の縦，横を1 mmずつ目盛る．横軸は730 mm，縦軸は560 mmまで目盛りがつく．2°) 乱数表を用いて，1, 2, …, 730の730個の数字の中からランダムに35個(25個より多目の個数にしておく)を選ぶ．同様に，1, 2, …, 560の560個の数字の中からランダムに35個を選ぶ．そして，この両者の数字を順に組み合わせる．その結果，(366, 83), (703, 432),

…というような数字の組が 35 個得られる．3°) (366, 83) に対しては，横座標が 365〜366 mm，縦座標が 82〜83 mm の地点が対応する．4°) 対応する地点が市内にない数字の組は棄てていき，25 の地点が選ばれるまで続ける．

第2章

1. (i)

度 数 分 布 表

階　級	階級値	度数	階　級	階級値	度数
46.45〜49.45	47.95	5	64.45〜67.45	65.95	17
49.45〜52.45	50.95	9	67.45〜70.45	68.95	7
52.45〜55.45	53.95	10	70.45〜73.45	71.95	4
55.45〜58.45	56.95	25	73.45〜76.45	74.95	5
58.45〜61.45	59.95	20	76.45〜79.45	77.95	1
61.45〜64.45	62.95	27			
			計		130

ヒストグラムは省略．

(ii)

x_i	f_i	u_i	$u_i f_i$	$u_i^2 f_i$
47.95	5	-5	-25	125
50.95	9	-4	-36	144
53.95	10	-3	-30	90
56.95	25	-2	-50	100
59.95	20	-1	-20	20
62.95	27	0	0	0
65.95	17	1	17	17
68.95	7	2	14	28
71.95	4	3	12	36
74.95	5	4	20	80
77.95	1	5	5	25
計	130		-93	665

$$\bar{x} = 62.95 + \frac{(-93)}{130} \times 3 = 60.80$$

$$s = 3 \times \sqrt{\frac{1}{129}\left(665 - \frac{(-93)^2}{130}\right)} = 6.46$$

(iii)　　　$\bar{x} \pm s = 60.80 \pm 6.46 = (54.34, 67.26)$

この間のデータは 95 個で，全体の 73.1%

$\bar{x} \pm 2s = (47.88, 73.72)$

この間のデータは 122 個で，全体の 93.8%

$\bar{x} \pm 3s = (41.42, 80.18)$

この間のデータは 130 個で，全データがこの区間に入っている．

第3章

1. (i) x が大きくなれば y も大きくなる傾向があり，その関係はほぼ直線的である(散布図は省略)．

(ii)　$r = 0.883$

(iii)　$y = -546.24 + 2.835x$

$$s_{y \cdot x} = \sqrt{\frac{110879507.8}{18}} = 2482$$

(iv)　(iii)で求めた回帰式に $x=1566$ を代入すると，$y=3893.9$ が得られる．よって，3894 億円と推定する．(この年度における実際の施工高は 3971 億円であった．)

2. (i) 宣伝広告費の多い会社は売上高も多いという傾向があり，その関係はほぼ直線的とみなされる(散布図は省略)．　(ii)　$r=0.868$．

(iii)　$y=1460.23+19.504x$

$$s_{y \cdot x} = \sqrt{\frac{77049339.7}{13}} = 2435$$

第4章

1. $K=80.36$

2. A: 76.7 点以上, B: 66.2 点～76.7 点, C: 53.6 点～66.2 点, D: 53.6 点以下

例えば，66.2 点は次式より求める．

$$\frac{K-70}{10} = -0.385 \quad \therefore \quad K = 66.15 \doteqdot 66.2$$

3. (i) 0.62% (ii) (a) 206.2 (b) 1.6

4. 2000 個中のミスの個数を x とおくと, x は 2 項分布 $B(2000, 0.005)$ にしたがう.

(i) $(0.995)^{2000}$ (ii) $(0.995)^{2000} + 2000 \times 0.005 \times (0.995)^{1999}$

(iii) $np, n(1-p)$ はいずれも 5 より大であるから, x を正規分布で近似する.

$$\Pr\{x \leq 8\} \doteqdot \Pr\{x \leq 8.5\} = 0.32$$
$$\text{(2項)} \qquad \text{(正規)}$$

5. (i)

とる値	2	3	4	5	6	7	8	9	10	11	12
確 率	$\frac{1}{36}$	$\frac{2}{36}$	$\frac{3}{36}$	$\frac{4}{36}$	$\frac{5}{36}$	$\frac{6}{36}$	$\frac{5}{36}$	$\frac{4}{36}$	$\frac{3}{36}$	$\frac{2}{36}$	$\frac{1}{36}$

(ii) $E(x) = 7$, $D(x) = \sqrt{\dfrac{35}{6}}$

第6章

1. 裁判にも 2 つの誤りがある. 白を黒とする(無罪の人を有罪と判定する)誤りと, 黒を白とする(有罪の人を無罪と判定する)誤りである. 前者が仮説検定における第 1 種の誤りに, 後者が第 2 種の誤りに相当する. 裁判では, 第 1 種の誤りは重要であり, 第 1 種の誤りを殆どゼロにしたい, という立場をとる(したがって第 2 種の誤りは大きくなるが, これは止む

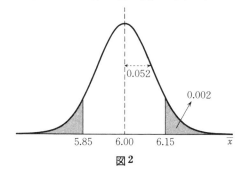

図 2

を得ないと考える)．"疑わしきは罰せず"(証拠主義)の考え方はこの立場からくるものであろう．

2. 3枚の鉄板の厚さの平均値を $\bar{x}$ とすると，$\bar{x}$ は正規分布 $N(6.00, (0.052)^2)$ にしたがう．よって規格内にある確率は 0.996 である(図2参照)．

第7章

1. $\Pr\{|u|>u(P)\}=P$ より $\Pr\{u^2>[u(P)]^2\}=P$．u^2 は自由度1のカイ2乗分布をするから，カイ2乗分布のパーセント点の定義より $[u(P)]^2=\chi^2(1,P)$ でなければならない．

2. t 分布は $N(0,1)$ とカイ2乗分布の比の分布であるから，u を $N(0,1)$，v を自由度 ϕ のカイ2乗分布にしたがう確率変数とすると $x=u\Big/\sqrt{\dfrac{v}{\phi}}$ の形に書ける(定理3)．よって $x^2=u^2\Big/\dfrac{v}{\phi}=\dfrac{u^2}{1}\Big/\dfrac{v}{\phi}$．したがって F 分布の定義より(定理4)，x^2 は自由度 $(1,\phi)$ の F 分布にしたがう．

3. x を自由度 ϕ の t 分布にしたがう確率変数とすると $\Pr\{|x|>t(\phi,P)\}=P$．これより $\Pr\{x^2>[t(\phi,P)]^2\}=P$．$x^2$ は自由度 $(1,\phi)$ の F 分布にしたがうから，F 分布のパーセント点の定義より $[t(\phi,P)]^2=F(1,\phi;P)$ が得られる．

第8章

1. 新入技術者の測定値は正規分布 $N(\mu,\sigma^2)$ にしたがうと仮定する．問題は，σ が 0.25 とみなせるかどうかということである．よって，$H_0:\sigma^2=(0.25)^2$ の検定をしてみる．対立仮説 H_1 としては，$H_1:\sigma^2>(0.25)^2$ とするのが適当である．なぜならば，H_0 は，この新入技術者が分析能力をもっている，ということを表わすからである．

$$\frac{S}{\sigma_0^2}=\frac{1.209}{(0.25)^2}=19.344, \quad \text{一方} \quad \chi^2(9,0.05)=16.92$$

であるから，H_0 は棄却される(有意水準 5%)．よって，この新入技術者は分析能力をもっていない，と判断してよい．

2. (i) $D(\bar{x})=\dfrac{\sigma}{\sqrt{n}}=\dfrac{6000}{\sqrt{49}}=857$

よって推定値の誤差は，確率 95% で $2D(\bar{x})\doteqdot 1700$(円)以下である，と考

えてよい. (ii) 選ぶべき人数を n とすると,
$$3 \times \frac{6000}{\sqrt{n}} = 1000$$
となるように n を定めてやればよい. よって $n=324$.

3. (A 法) − (B 法) のデータ, −0.24, −0.07, 0.10, −0.17, −0.12, 0.02 が, 母平均 0 の正規母集団からの標本とみなせるかどうかの問題に帰着させる.

$H_0: \mu=0$, $H_1: \mu \neq 0$ の検定.

$$\left| \frac{\bar{x}-\mu_0}{\sqrt{\frac{s^2}{n}}} \right| = 1.6, \quad 一方 \ t(5, 0.05) = 2.571 \ であるから \ H_0 \ は棄却されない.$$

よって A 法と B 法との間に違いがあるとはいえない.

4. 2 つの正規母集団の母平均の差の検定問題に帰着させる. 等分散検定 ($H_0: \sigma_1^2=\sigma_2^2$, $H_1: \sigma_1^2 \neq \sigma_2^2$) の結果, 等分散とみなしてよい. 次に, 母平均の差の検定 ($H_0: \mu_1-\mu_2=0$, $H_1: \mu_1-\mu_2 \neq 0$) を行なう.

$$\left| \frac{(\bar{x}_1 - \bar{x}_2) - \delta_0}{\sqrt{\left(\frac{1}{n_1}+\frac{1}{n_2}\right)\left(\frac{S_1+S_2}{n_1+n_2-2}\right)}} \right| = \left| \frac{(34.20-34.97)-0}{\sqrt{\left(\frac{1}{10}+\frac{1}{10}\right)\left(\frac{16.200+19.481}{10+10-2}\right)}} \right| = 1.224$$

一方, $t(n_1+n_2-2, \alpha) = t(18, 0.05) = 2.101$, よって強度に有意な差は認められない.

5. $\frac{s_1^2}{s_2^2} \frac{\sigma_2^2}{\sigma_1^2}$ は自由度 (n_1-1, n_2-1) の F 分布にしたがうから, H_0 が正しいときには $\frac{s_1^2}{s_2^2} \rho_0^2$ が自由度 (n_1-1, n_2-1) の F 分布にしたがうことになる. よって

(i) $H_1: \frac{\sigma_2^2}{\sigma_1^2} > \rho_0^2$ に対しては

$$W: \frac{s_1^2}{s_2^2} \rho_0^2 > F(n_1-1, n_2-1 ; \alpha)$$

(ii) $H_1: \frac{\sigma_2^2}{\sigma_1^2} < \rho_0^2$ に対しては

$$W: \frac{s_1^2}{s_2^2} \rho_0^2 < F(n_1-1, n_2-1 ; 1-\alpha)$$

(iii) $H_1 : \dfrac{\sigma_2{}^2}{\sigma_1{}^2} \neq \rho_0{}^2$ に対しては

$$\mathscr{W} : \dfrac{s_1{}^2}{s_2{}^2}\rho_0{}^2 < F\left(n_1-1, n_2-1 ; 1-\dfrac{\alpha}{2}\right) \quad \text{または}$$

$$\dfrac{s_1{}^2}{s_2{}^2}\rho_0{}^2 > F\left(n_1-1, n_2-1 ; \dfrac{\alpha}{2}\right)$$

第9章

1. 推定値は標本における保有率である．推定誤差 4% 以下という要求を "確率 95% で誤差 4% 以下" というように考える．抽出世帯数を n とすると

$$2\sqrt{\dfrac{p(1-p)}{n}} \leqq 0.04$$

$p = \dfrac{1}{2}$ を代入することにより，$n \geqq 625$．

もし，推定誤差 4% 以下という要求を "確率 99.7% で誤差 4% 以下" というように考えると

$$3\sqrt{\dfrac{p(1-p)}{n}} \leqq 0.04$$

よって $n \geqq 1407$．抽出に際しては，厳密さを要求しないならば，電話帳を使えばよいであろう（練習問題 1 の 1 を参照）．

2. メンデルの遺伝法則が成り立っているとすると，赤色の出る割合は $\dfrac{3}{4}$ である．よって母集団比率 p の検定問題に帰着させる．$H_0 : p = \dfrac{3}{4}$，$H_1 : p \neq \dfrac{3}{4}$ とする．$n = 80$，$\sum x_i = 54$，$p_0 = \dfrac{3}{4}$ である．いまの場合 $np_0 > 5$，$n(1-p_0) > 5$ であるから，2 項分布を正規分布で近似することが可能であり，本章の公式を使うことができる．

$$\left| \dfrac{\sum\limits_i^n x_i - np_0}{\sqrt{np_0(1-p_0)}} \right| = 1.55$$

H_0 は棄却されないから，メンデルの法則は否定されない．

3. スピーカー A のほうが好まれる確率を p とおくと，A, B 間に差がないというのは $p = \dfrac{1}{2}$ ということである．よって $H_0 : p = \dfrac{1}{2}$，$H_1 : p \neq \dfrac{1}{2}$

として検定を行なう.

$$\left|\frac{\sum_{i}^{n} x_i - np_0}{\sqrt{np_0(1-p_0)}}\right| = 2.26$$

よって H_0 は棄却され, A のほうが音質がよいと判断してよい.

4. 2つの母集団比率 p_1, p_2 の検定問題. $H_0: p_1 = p_2$, $H_1: p_1 \neq p_2$ として検定を行なう.

$$\frac{|\hat{p}_1 - \hat{p}_2|}{\sqrt{\hat{p}(1-\hat{p})\left(\dfrac{1}{n_1} + \dfrac{1}{n_2}\right)}} = 1.82$$

よって H_0 は棄却されない. したがって M_1, M_2 の不良率に有意な差は認められない.

第10章

1. H_0: 各目の出る確率は $\dfrac{1}{6}$ である, の検定を適合度検定で行なう. $Z = 4.0$, 一方 $\chi^2(5, 0.05) = 11.07$. よって H_0 は棄却されない. このサイコロは, 疑わしいとはいえないので, 正しいとみてよいであろう.

2. $Z = 3.47$, 一方 $\chi^2(1, 0.05) = 3.84$. よって M_1, M_2 の不良率に有意な差は認められない.

3. まず学歴と支持政党との間に関係があるかどうかをみるため, 支持政党と学歴との間には関係がないという仮説の検定をしてみる(4×3の分割表の検定). $Z = 15.59$, 一方 $\chi^2(6, 0.05) = 12.59$. よって学歴と支持政党とは無関係ではない. 期待度数と観測度数とを比較することにより, B党支持者には大学卒が相対的に多く, C党支持者には大学卒が相対的に少ないことがわかる.

索　引

ア 行

上側 $100P\%$ 点　　94
F 分布　　162

カ 行

回帰　47
　　重——　58
　　単——　58
回帰式　47, 58
回帰直線　47
回帰分析　58
階級　18
階級値　19
カイ 2 乗分布　　157
階層　10
ガウスの誤差法則　　92
ガウス分布　　91
確率関数　69
確率分布　65
確率変数　65
　　標本——　123
　　離散型　68
　　連続型　68
確率密度関数　　88, 89
仮説検定　125, 136
ガンマ関数　158
幾何分布　74
幾何平均　16

棄却域　140, 142
危険率　140
期待値　69
帰無仮説　141
共分散　39
　　標本——　39
寄与率　58
偶然誤差　92
区間推定　127, 153
決定係数　58
検出力　143
検出力曲線　147
検定　125, 136
　　左片側——　145
　　右片側——　145
　　両側——　146
故障率関数　114

サ 行

最小 2 乗法　45
残差平方和　48
算術平均　13
3 点識別法　215
散布図　34
サンプル　3
指数分布　106, 114, 115, 116
重回帰　58
重相関係数　58
信頼区間　154

索　引

信頼係数　154
信頼度　154, 155
信頼度関数　115
推定　127
推定値　126
推定量　126, 149
正規分布　90
正規方程式　46
正規母集団　122
正の相関　34
相関
　　正の――　34
　　負の――　36
　　無――　36
　相関がない　36
　相関係数　36
　　標本――　37
層別　25
層別抽出法　10
層別無作為抽出法　10

タ 行

第1種の誤り　142
第2種の誤り　142
対立仮説　144
　　左片側――　144
　　右片側――　144
　　両側――　144
多段抽出法　10
単回帰　58
単純無作為抽出法　10
中央値　13
柱状図　21

調和平均　16
t 分布　161
適合度検定　226
点推定　126, 148
統計値　15
統計的推測　4
統計量　12, 15, 129
　　――の分布　129
等分散検定　192
独立　122
度数分布表　18

ナ 行

2項分布　77
2項母集団　121, 205
2段抽出法　10

ハ 行

パレート図　32
範囲　15
ヒストグラム　21
左片側検定　145
左片側対立仮説　144
標準化　100
標準正規分布　93
標準偏差　14, 70
標本　3
　　――の大きさ　3
標本確率変数　123
標本共分散　39
標本相関係数　37
標本分散　120
標本平均　120

索　引

比例抽出法　10
負の相関　36
不偏最小分散推定量　150
不偏推定量　150
分割表　232
分散　14, 70
分布　65
　——の標準偏差　70
　——の分散　70
　——の平均　69
　——$p_\theta(x)$からの大きさ n の標本　123
　レイライ——　115
　ワイブル——　115
平均　13
平均値　69
平均偏差　14
平方和　13
　偏差——　13
ベルヌーイ試行　73
変動係数　15
変量　65
ポアソン分布　81, 117
補外　57
補間　57
母集団　3
　——の大きさ　3
　——比率　205
　——分布　6
　無限——　4
　有限——　4
母数　8, 75, 120
母分散　120

母平均　120

マ 行

右片側検定　145
右片側対立仮説　144
無限母集団　4
無作為抽出　8
無作為標本　4
無相関　36
メジアン　13

ヤ 行

有意水準　140
有意である　142
有意でない　142
有限母集団　4

ラ 行

乱数表　8
ランダム・サンプル　4
ランダム・サンプリング　8
ランダム到着　116
離散分布　68
両側検定　146
両側対立仮説　144
両側 $100P\%$ 点　95
累積分布関数　67, 89
レイライ分布　115
連続分布　68
ロット　2

ワ 行

ワイブル分布　115

新装版 数学入門シリーズ
日常のなかの統計学

2015 年 3 月 6 日　第 1 刷発行

著　者　鷲尾泰俊
発行者　岡本　厚
発行所　株式会社　岩波書店
　　　　〒101-8002　東京都千代田区一ツ橋 2-5-5
　　　　電話案内 03-5210-4000
　　　　http://www.iwanami.co.jp/
　　　　印刷・精興社　製本・中永製本

© Yasutoshi Washio 2015
ISBN 978-4-00-029836-0　Printed in Japan

Ⓡ〈日本複製権センター委託出版物〉　本書を無断で複写複製（コピー）することは、著作権法上の例外を除き、禁じられています。本書をコピーされる場合は、事前に日本複製権センター（JRRC）の許諾を受けてください。
JRRC　Tel 03-3401-2382　http://www.jrrc.or.jp/　E-mail jrrc_info@jrrc.or.jp

新装版 **数学入門シリーズ**（全8冊）

A5判・並製カバー，平均288頁

数学を学ぶ出発点である高校数学の全分野から横断するテーマ群を選び，わかりやすく解説．高校から大学への橋渡しのために学習する人，また数学を学び楽しみたい読者に長年にわたって支持されているシリーズの新装版．初学者や中学・高校で数学を教える現場の先生に最適の定番テキストが文字を拡大してA5判に大型化．ご要望にお応えして，読みやすくテキストとしても使いやすい形にいたしました．

代数への出発	松坂和夫	296頁	本体2800円
微積分への道	雨宮一郎	248頁	本体2500円
複素数の幾何学	片山孝次	292頁	本体2800円
2次行列の世界	岩堀長慶	300頁	本体2800円
順列・組合せと確率	山本幸一	262頁	本体2600円
日常のなかの統計学	鷲尾泰俊	286頁	本体2700円
幾何のおもしろさ	小平邦彦	346頁	本体2900円
コンピュータのしくみ	和田秀男	226頁	本体2400円

———— 岩波書店刊 ————

定価は表示価格に消費税が加算されます
2015年3月現在